U0176712

水文气象学在海绵城市建设中的应用

曾向红　佘　年　杜东升　周　康
蒋元华　吴　浩　段丽洁　包正铎　编著

中国建筑工业出版社

图书在版编目（CIP）数据

水文气象学在海绵城市建设中的应用／曾向红等编

著. — 北京：中国建筑工业出版社，2020.12

ISBN 978-7-112-25846-8

Ⅰ．①水… Ⅱ．①曾… Ⅲ．①水文气象学—应用—城

市建设—研究 Ⅳ．①TU984

中国版本图书馆 CIP 数据核字（2021）第 024838 号

　　海绵城市建设是一个多目标、多方向、多途径的复杂建设过程，需要不同学科的专业人士相互配合，才能将海绵城市建设落地。本书将从实践者的角度，介绍水文气象学的基本概念和基础理论及如何将这些理论与给水排水、水力学、环境科学、景观学相结合，应用于海绵城市建设的实践中去。本书内容共七章，包括：大气和水、城市水文特征、城市水文分析、暴雨强度公式、设计暴雨雨型、水文水力模型、应用案例。

　　本书针对的读者主要是城市规划设计、市政设计、风景园林设计的专业人员，也可作为高校给水排水、环境工程及风景园林专业的教材及参考书。

责任编辑：毕凤鸣　张　磊　王华月
责任校对：赵　菲

水文气象学在海绵城市建设中的应用

曾向红　佘　年　杜东升　周　康
　　　　　　　　　　　　　　　　　　编著
蒋元华　吴　浩　段丽洁　包正铎

*

中国建筑工业出版社出版、发行(北京海淀三里河路9号)

各地新华书店、建筑书店经销

北京红光制版公司制版

北京建筑工业印刷厂印刷

*

开本：787毫米×1092毫米　1/16　印张：9½　字数：170千字

2021年5月第一版　　2021年5月第一次印刷

定价：**68.00**元

ISBN 978-7-112-25846-8

(37067)

前　言

　　海绵城市建设的实质是如何实施城市的雨洪管理和恢复自然水文循环。之前大量的文章和出版物都集中在城市水资源、水安全、水环境、水生态和水文化方面，但对气象学在海绵城市中的应用研究较少。而气象学与水文学则是密不可分的，气象学是研究水在大气中的运动，集中研究大气的天气情况、变化规律和对天气的预报；水文学是研究水在大气、江河、海洋及陆地间的循环，包括降水、入渗、径流、土壤含水量、蒸发和蒸腾。两者在海绵城市建设中都十分重要。举例来说，气象台可能预报某一城市在某一时间段有 100～150mm 降雨，而水务水利部门则可以根据气象台的预报，通过水文、水利、市政管网模型，预测产流汇流及径流对城市基础设施的影响，并通过河湖管网的调度来减轻暴雨对城市的影响。近年来，随着气象雷达、气象卫星、数值模型、大数据、超算、物联网、5G 等技术的发展和进步，将水文和气象科学结合在一起用于雨洪管理、防灾减灾在学术界已成为一种趋势，一些大学或研究机构专门设立了水文气象学科（Hydrometeorology）。美国、加拿大、日本、俄罗斯、澳大利亚、英国、法国、印度、巴西等十几个国家甚至设立了水文气象中心，专门为减少洪涝和极端气象事件引起的自然灾害提供技术支持和服务。

　　海绵城市建设是一个多目标、多方向、多途径的复杂建设过程，需要不同学科的专业人士相互配合，才能将海绵城市建设落地。本书将从实践者的角度，介绍水文气象学的基本概念和基础理论及如何将这些理论与给水排水、水力学、环境科学、景观学相结合，应用于海绵城市建设的实践中去。本书针对的读者主要是城市规划设计、市政设计、风景园林设计的专业人员，也可作为高校给水排水、环境工程及风景园林专业的教材及参考书。

目　录

第1章 大 气 和 水

1.1 大 气 环 流

1.1.1 定义

大气环流是围绕地球的大气在全球范围展开的环流运动的统称。一般说来是指全球范围的大尺度大气运行的基本状况。是各种不同尺度天气系统发生、发展和移动的背景条件。这种大范围大气运动的水平尺度在数千公里以上，垂直尺度在10km以上，时间尺度数天以上。

1.1.2 形成原因

大气环流是由太阳辐射、地球自转、地球表面不均匀（海陆和地形）和地面摩擦等因子相互作用形成的[1]。

（1）太阳辐射作用

大气运动的根本能源是太阳辐射能。大气本身通过辐射、湍流、对流和水汽相变获得能量，又以自身的温度向外辐射能量，收支相抵后在低纬有余，在高纬有亏损。这样，南北方向上出现的温度差使得赤道位势高，极地位势低而产生了高层有从赤道指向极地的位势梯度。假设地球表面性质均一，地球不自转，在位势梯度力的作用下，空气就向极地运动，而空气在极地又冷却下沉，又造成质量堆集，那么在对流层下部便产生了指向赤道的气压梯度力，从而形成了由极地向赤道的气流，空气在低纬度地区加热将垂直上升，则气压梯度力的作用将使赤道和极地之间构成一个大的理想的直接热力环流圈。

（2）地球自转

假设地表性质均一，大气在自转的地球上运动着，运动着的空气质点必受到地转偏向力的作用，而且其大小还随着纬度的增加而增加。因此，在北半球向北运动的空气质点由于受地转偏向力作用将逐渐转变为向东的运动（偏西风），向南运动的空气质点则逐渐转变为向西的运动（偏东风）。

在北半球由赤道向北运动的空气质点在地转偏向力作用下，高空风向发生偏转，大约在30°N附近气压梯度力与地转偏向力达到平衡，风向逐渐转为偏西风。这样空气质点就不能继续向北运动，而来自赤道上空源源不断向北运动的空气便在30°N附近上空堆积，致使近地面气压升高，同时，自赤道向北运动的空气不断辐射冷却，因而产生了下沉运动。下沉运动中向南流动的空气在低层受地转偏向力作用下，在北半球转为东北风，称为东北信风。同理，南半球高层为西北气流，低层为东南气流，称为东南信风。

在赤道附近对流层中东北信风与东南信风汇合的地带称赤道辐合带[1]，在这个赤道辐合带中的暖空气上升到高空向极地运动的过程中，由于偏向力作用逐渐转为偏西风，不能继续北进，在高空就产生气流辐合，同时也产生辐射冷却。在辐合、辐射冷却的作用下，空气产生下沉运动，下沉的空气中一部分在低空又返回到赤道辐合带中去，这样就形成哈得来环流。极地低层空气在气压梯度力作用下向较低纬度的运动，因受地转偏向力作用，在北半球逐渐转变为向西的运动（偏东风），在高层形成西南风，构成了另一个直接环流圈（极地环流圈）。而在极地环流圈与哈得来环流圈之间的中高纬度地区存在一个与直接环流方向相反的闭合环流圈，称为间接环流圈，也称为费雷尔环流圈。

（3）地球表面不均匀（海陆和地形）

陆地与海洋是一个性质不均匀的复杂的下垫面，海洋与陆地的热力性质有很大差异。冬季，陆地成为相对冷源，在同纬度陆地比海洋冷；夏季，陆地上形成相对热源，在同纬度陆地比海洋暖。这样冬季，在近地面层形成大陆冷性高压，在洋面上形成低压。夏季近地面变成低压区，同时，副热带高压比冬季强大得多，而北部太平洋上低压却变成一个低槽。海、陆分布不但对近地面层气压系统有直接影响，而且对于对流层中部西风带平均槽、脊的形成也有有重要作用，造成冬季大陆东岸有大槽，西岸有脊形成。夏季，则相反，由于热力影响，大陆东岸上空表现为高压，西岸上空出现低槽。

地形对大气环流的影响，不仅有热力作用，而且有动力作用。它们可以迫使气流发生明显的分支、绕流和汇合作用。如亚洲的青藏高原，北美的落基山这样的巨大地形，对大气环流有明显的动力作用。当气流越过高原或山脉时，在迎风坡常形成高压，在背风坡形成低压。冬季东亚大槽是海陆热力差异和西藏高原地形动力作用的产物。

（4）地面摩擦作用

大气在自转地球上运动着，与地球表面产生着相对运动，相对运动产生摩擦作用，而摩擦作用和山脉作用使空气与转动地球之间产生转动力矩即角动量。角动量的产生、损耗以及输送、平衡，对大气环流的形成和维持具有重要作用，角动量的输送包括水平和垂直输送。水平输送主要通过平均纬向环流上叠加的大型涡旋（槽线呈东北-西南向）和平均经向风速来完成角动量的输送，垂直输送主要靠平均经圈环流来实现。地球上的气流基本上呈纬向流动着，在中高纬度主要是西风带，低纬度是广阔东风带。在西风带，地球通过摩擦作用给大气一个自东向西的转动力矩，所以大气损耗西风角动量而地球获得西风角动量；反之，在东风带，地球通过摩擦作用给大气一个自西向东的转动力矩，所以大气获得地球给予的西风角动量而地球支出西风角动量。照此下去，西风带因不断损耗西风角动量，近地层西风会逐渐减弱；东风带因不断获得西风角动量，近地层东风也会逐渐减弱。正是由于纬度越低角动量越大，通过平均经圈环流，角动量的垂直输送使得西风带的西风角动量得以补充，而东风带的西风角动量被损耗，从而保持了东、西风中角动量平衡，使东、西风带能够长期维持稳定状态。因此，地面摩擦作用是大气环流中纬向环流与经圈环流形成和维持的重要因素。

1.1.3 特征

（1）平均纬向风分量的经向分布

低纬度地区，除了夏季北半球近地面有小范围弱西风外，其余均为东风，最大风速中心在平流层，垂直向上，冬窄夏宽；中高纬对流层冬、夏季均为西风，最大风速中心在200hPa高度附近，冬强夏弱。整个西风带随季节有南北移动。在极地近地面为弱东风；冬季从对流层到平流层均为西风；夏季对流层为西风，平流层东风。

（2）平均经向风分量的经向分布

北半球冬季，30°N以南的对流层低层有较强的平均偏北风，200～300hPa之间有明显南风分量中心，40°N以北低层平均为南风，高层平均为北风；13°～40°N，底层盛行1m/s以下的北风分量，高空深厚的气层都是较弱的南风；赤道区域，低层平均南风分量达2.5m/s，高空为2m/s以下的北风分量。纬向风比经向风大得多，说明地球上空气大气运动基本上是环绕着纬圈自东向西（东风）或自西向东（西风）运动的。南北向的空气交换冬强夏弱，经向风量级虽小，但作用大。经向风的经向分布反映三圈环流。赤道辐合带冬季位于赤道以南，夏季位于赤道以北。

3

（3）平均水平环流

冬季北半球对流层中部环流最主要的特点是在中高纬度以极地低压为中心地环绕纬圈的西风环流，西风带中有三个明显的位于亚洲东岸、北美东部、欧洲东部尺度很大的平均槽，有位于阿拉斯加、西欧沿岸和青藏高原的三个平均脊。脊的强度比槽弱得很多；夏季，在中、高纬度出现东亚大槽、北美大槽、欧洲西岸浅槽、贝加尔湖浅槽四槽，之间为弱脊，副热带高压加强并北移，在北太平洋、北大西洋和非洲大陆西部各有一个闭合中心；在对流层底部，北半球冬季有阿留申低压、冰岛低压、亚洲冷高压、北美和格陵兰高压等大气活动中心。夏季有冰岛低压、阿留申低压、太平洋副热带高压、大西洋副热带高压和格陵兰高压等大气活动中心，而大气活动中心是大气环流的重要成员，对促进南北和海陆之间的热量、水汽和动量之间交换有重要作用，它们的变化也体现大气环流的变化。

（4）东亚环流的基本特征

由于海陆之间的热力差异和青藏高原的热力、动力作用，使得东亚地区成为全球著名的季风区。在对流层低层，冬季盛行偏北风、偏西风，夏季盛行偏南风、偏东风。对流层中层，冬季，东亚上空 500hPa 等压面是一脊一槽（脊在青藏高原北部，槽在东亚沿岸），气流为西北风，夏季气流在 30°N 以北为偏西风，30°N 以南为偏东风。青藏高原季节变化存在复杂性，在冬季高原北侧为西风，南侧为东风，夏季变为相反的风向；而在高原东侧冬季为偏西风，夏季转为偏东风。400hPa 以上的自由大气中，冬季整个青藏高原均为西风控制，对流层上部，高原南侧、北侧各存在一支西风急流；夏季由于高原加热作用，南侧转为东风急流，而北侧的西风急流得到加强。夏季高原的加热作用还在高原及其邻近地区产生上升气流，而这支上升气流到了高空即向四周辐散并下沉，构成一个闭合的垂直环流，这个垂直环流称为季风环流。

1.1.4　表现形式

如图 1.1-1 所示，海洋与陆地上的水通过蒸发成为水蒸气进入大气，水蒸气不断上升直到凝结，然后通过降水回到海洋与陆地。降水被植被截留，成为地表漫流，入渗进入土壤形成表层流，最后排入河流形成地表径流。许多被截留的水和地表径流通过蒸发进入大气。入渗进入土壤的降水可能继续渗透补给地下水，最终也形成地表径流。

4　虽然大气水循环包含许多非常复杂的过程，但采用系统的概念能将问题简化。

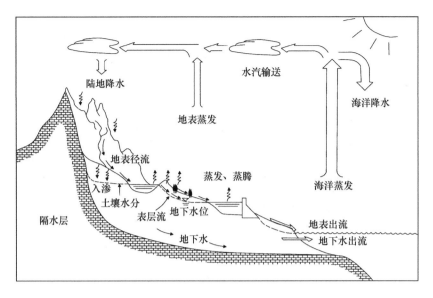

图 1.1-1 大气水循环示意图

大气水循环可以看成包含降水、蒸发、径流与其他部分的系统。根据需要可以将整个循环分成多个相对简单的子系统，先单独分析各子系统，再通过子系统彼此之间的关系进行组合，最后对整个大气水循环系统进行分析。

如图 1.1-2 所示，整个大气水循环系统可以分成三个子系统。大气水系统包含降水、蒸发、截留、蒸腾作用；地表水系统包括地表漫流、地表径流、表层流与地下水出流、各种水体；表层水系统包括入渗、地下水补给、表层流、地下水。

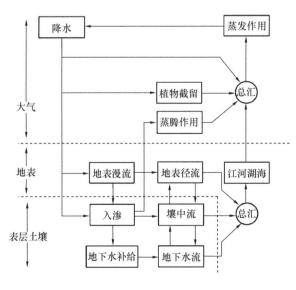

图 1.1-2 大气水循环系统

5

1.2 水 汽

1.2.1 定义

水汽，指大气中的水蒸气，是水（H_2O）的气体形式。当水达到沸点时，水就变成水蒸气。在海平面标准大气压下，水的沸点为 99.97℃ 或 212℉ 或 373.15K。当水在沸点以下时，水也可以缓慢地蒸发成水蒸气。而在极低压环境下（小于 0.006 大气压），冰会直接升华成水蒸气。

1.2.2 来源

大气中的水汽来源于下垫面，包括水面、潮湿物体表面的蒸发、植物叶面的蒸腾。蒸发（蒸腾）是指物质从液态转化为气态的相变过程。从微观上看，就是液体分子从液面离去的过程。

1.2.3 水汽压

水汽压（e）是空气中水汽产生的分压强。水分蒸发的结果使系统内的水汽浓度加大，水汽压也就增大了，这时分子碰撞的机会增多，落回水面的水汽分子也就增多。如果这样继续下去，就有可能在同一时间内，跑出水面的水分子与落回的水汽分子恰好相等，系统内的水量和水汽分子含量都不再改变，即水和水汽之间达到了平衡，这种平衡叫做动态平衡（因为这时仍有水分子跑出水面和水汽分子落回水中，只不过进出水面的分子数相等而已）。动态平衡时的水汽称为饱和水汽，当时的水汽压称为饱和水汽压（E）。

1.2.4 水汽输送

水汽在大气中含量很少，但变化很大，其变化范围在 0～4％ 之间。其含量变化是天气变化的主要角色。水汽扩散与水汽输送，是地球上水循环过程的重要环节，是将海水、陆地水与空中水联系在一起的纽带。正是通过扩散运动，海水和陆地水源源不断地蒸发升入空中，并随气流输送到全球各地，再凝结并以降水的形式回归到海洋和陆地。所以水汽扩散和输送的方向与强度，直接影响到地区水循环系统。对于地表缺水，地面横向水交换过程比较弱的内陆地区来说，水汽扩散和输送对地区水循环过程具有特别重要的意义。

1.3　降　水

1.3.1　定义

降水是指空气中的水汽冷凝后形成液态水滴或固态降水并降落到地表的天气现象，是自然界中发生的雨、雪、露、霜、霰、雹等现象的统称。降水的形成和分布受地理位置、大气环流、天气系统条件等多方面因素综合影响。降水是水循环过程的最基本环节，也是水量平衡方程中的基本参数。降水是地表径流的本源，也是地下水的主要补给来源，降水的时空分布特征也是影响城市防洪排涝的直接因素。

1.3.2　降水的形成机理

降水的种类比较多，主要包括液态降水（雨），固态降水（雪、霜、冰雹等）以及两种类型的混合降水（如雨夹雪）。形成各种类型降水的微物理过程都不相同，但是降水的形成机理都一致，需要满足三个必然条件：①要有充足的水汽；②要使气块能够抬升并冷却凝结；③要有较多的凝结核。

当有充沛的水汽随气流源源不断输送到降水区域，即满足了水汽充足的条件，这主要是受天气系统控制，形成稳定和充足的水汽供应，此阶段主要是大气的水平运动。当充沛的水汽输送至降水区域，受地面加热膨胀上升或受地形及天气系统辐合抬升，使暖湿空气迅速上升，空气急速膨胀冷却，当空气温度低于露点温度时，水汽就会凝结形成云滴，此阶段是以气流的垂直运动为主。云滴能否继续增长成为雨滴，进而下降形成降水，又取决于云滴增长的微物理条件，目前主要认为能使云滴有效增长为雨滴的方式有两种：一是冰晶效应，即当云内有冰晶和过冷水滴共存时，由于冰晶的饱和水汽压小于水滴表面的饱和水汽压，会导致云滴逐渐蒸发而冰晶凝华增长，云滴能迅速增长为雨滴；二是碰并增长，即云内云水充沛时，云滴相互碰撞合并，进而增长为雨滴，形成降水。

如图 1.3-1 所示，随着气团上升，温度降低，水汽凝结，当温度降低到冰点以下时形成冰结晶。凝结过程中存在一种叫凝结核的质粒帮助水分子结合在一起。虽然空气中的尘埃也可以成为凝结核，但带有离子的颗粒更容易成为凝结核，因为其电子极性更容易吸引水分子，这种颗粒被称为气溶胶。气溶胶非常小，最小的仅含

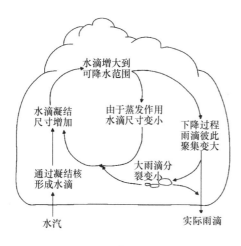

图 1.3-1　降雨形成机理

有几百个原子。由凝结作用形成的水滴彼此结合变大，大到一定程度后开始下落，下落过程中水滴又由于表面的蒸发作用而变小，然后随气流上升，如此反复直到形成直径 0.1mm 的水滴开始成为雨。一般而言，只有直径 1mm 以下的水滴才能保持球状，超过 1mm 的水滴底部会变平而导致下降过程中分裂成小水珠。大多数雨滴大小为 0.1~3mm。

气象上一般将降水划分为 7 个等级（表 1.3-1），其中日降水量大于等于 50mm 以上的降水称为暴雨。暴雨是导致城市内涝的重要因素，而暴雨形成条件相对于一般降水形成条件更为严格[1]，一是要有十分充足的水汽持续供应，只有充足的水汽供应，才能保证形成云水充沛的云层，保证雨滴的持续生成和降水的形成，相关研究表明，只有当大气饱和比湿达到相当大的数值以上时，才有利于暴雨的形成。当然，充足的水汽供应只是暴雨形成的必要条件。二是强烈的上升运动，即暴雨形成必须要有强烈的上升运动源源不断地抬升水汽，形成降水。暴雨的降水基本都是在几个小时内降完，所以伴随的上升气流也非常大，只有旺盛的垂直运动，才能形成剧烈的强降水。三是较长的持续时间，降水持续时间的长短，影响着降水量的大小。降水持续时间长是暴雨的重要条件。能形成持续降水的天气系统是造成暴雨的前提，如静止锋、副热带高压系统、切变线、低空急流等。在这些大尺度的天气系统影响下，会造成降水云系的持续发生发展，形成一次次强降水过程。当天气尺度系统移动缓慢或停滞时，更容易形成时间集中的特大暴雨。

《降水量等级》GB/T 28592—2012（单位：mm）　　　　　　　　表 1.3-1

降水等级	时段	
	12h 降水量	24h 降水量
微量降雨(零星小雨)	<0.1	<0.1
小雨	0.1~4.9	0.1~9.9
中雨	5.0~14.9	10.0~24.9
大雨	15.0~29.9	25.0~49.9

续表

降水等级	时段	
	12h 降水量	24h 降水量
暴雨	30.0～69.9	50.0～99.9
大暴雨	70.0～139.9	100.0～249.9
特大暴雨	≥140.0	≥250.0
微量降雪(零星小雪)	<0.1	<0.1
小雪	0.1～0.9	0.1～2.4
中雪	1.0～2.9	2.5～4.9
大雪	3.0～5.9	5.0～9.9
暴雪	6.0～9.9	10.0～19.9
大暴雪	10.0～14.9	20.0～29.9
特大暴雪	≥15.0	≥30.0

1.3.3 重要天气系统

低空急流、锋面、西太平洋副热带高压和青藏高原天气系统是影响我国暴雨发生的重要天气系统[2]。

1.3.3.1 低空急流

低空急流是指在大气底层形成一条水平风速远大于周边的强风速带的天气现象[3]。低空急流常常会诱发暴雨。从形成机理上可将低空急流分为两类：低空急流和边界层急流。前一类低空急流的最大风速一般出现在对流层中低层，常常是受天气系统的移动和发展，以及潜热释放导致气压梯度力变大，风速加剧[4]。边界层急流是指近地层1km左右的边界层内出现较强风速的天气现象，其形成机理可用边界层内非地转风惯性振荡理论[5]和斜压理论[6]以及二者的综合效应来解释。对流层的低空急流常常导致暴雨的发生，低空急流能从暖区有效输送大量的暖湿气流进入降水区域，同时在急流的出口附近产生辐合，也能加强高低空的风速垂直切变，可能导致重力波不稳定发展和湿位涡发展，为产生暴雨提供有利的动力和热力条件；而暴雨过程中凝结潜热加热导致地面气压降低和高空辐散增强，垂直次级环流增强，从而加速低空急流，这种正反馈作用对暴雨的发展起重要作用[7-8]。

1.3.3.2 锋面

锋面是指大尺度冷暖空气的交界面，锋面两侧的温度、气压有明显的差异。每

9

到夏季，季风从温湿的海洋输送大量的暖湿空气进入中国内陆，与北方下来的冷空气相汇形成锋面，锋面能导致大面积的暖湿气流抬升，进而产生暴雨。锋面系统存在明显的地域差异，其中华北区域的锋面系统具有典型的温带锋面结构，锋面附近有较大的水平温度梯度，锋区两侧的湿度差异也很显著；而常常造成南方暴雨的梅雨锋具有副热带锋面结构特征，锋面西段位于中国江淮地区，是热带气团与极地变性气团的交汇区，具有明显的西南风与东南风的切变，水平温度梯度小，而湿度梯度大[9]；华南前汛期，当冷空气到达华南地区后强度减弱，锋面系统常呈现准静止状态，水平温度梯度相比中国中东部副热带锋面小。

1.3.3.3　西太平洋副热带高压

西太平洋副热带高压是东亚季风环流系统中最重要的成员之一，是影响中国降水最为重要的天气系统之一。由于太阳辐射造成地球南北温度梯度以及地球旋转速率产生了大气平均经圈环流，在哈德莱环流圈中，较暖且密度小的空气在赤道地区上升，较冷且密度大的空气在副热带下沉，从而形成了副热带高压带。而东亚季风潜热释放产生的暖性罗斯贝波与西风气流作用造成的下沉运动，是西太副高维持的基本机制，空间非均匀加热对副热带高压形态变异产生影响[10]。在大气环流、海温、海冰等多重因素的复杂作用下，西太平洋副热带高压（西太副高）具有显著的季节性南北进退，准双周振荡、西太副高的这些特征和变化显著地影响着中国夏季降水的多少和主雨带的位置[11]。

1.3.3.4　青藏高原天气系统

青藏高原由于特殊的地形，可以通过不同季节的动力和热力作用改变周边大气环流，进而影响下游暴雨的发生发展[12]。夏季青藏高原受太阳辐射加热的影响，形成一个显著的热源，会导致青藏高原产生上升气流，进而形成纬向分布的位涡低值带，低位涡（即反气旋）以东的高位涡中心向南移动到东风带，再随东风不断西移，于是在对流层高层形成强的位涡经向梯度，导致高原上空对流层高层反气旋不稳定，从而会影响到下游江淮地区暴雨的环流条件。青藏高原地面的感热加热正异常通过热成风调整而加强中层的气旋，出现位涡平流随高度增强的大尺度动力背景，上升运动加强；并且加强气旋东南侧的西南低空急流，更有利于水汽输送，进而加剧中国东南地区的降水[13]。

1.3.4　城市化对降水的影响

城市化通过改变下垫面特征会对降水的时空分布特征产生显著影响[14]。城市化会产生明显的雨岛特征，且城市化进展快的城市暴雨发生频率更高。同时由于下垫面的改变会产生明显的热岛效应，城市热岛会产生明显的上升气流，会导致城区或城区的下风向降水增多。

快速城市化进程阶段的暴雨频数及其变化趋势的空间分布较慢速城市化进程有更明显的城市雨岛特征。城市热岛强度可以作为区分城市对降水影响类型的关键因子，强热岛条件下城区降水增多增强，而弱热岛条件下由于城市粗糙下垫面的作用降水发生分叉从而导致城区降水减少。例如，长三角城市群与邻近平原地区相比有明显的降水增幅[15]，且降水最大值中心通常位于城市中心下游 20～70km。城市化导致大城市降水量和强降水事件增多，大面积硬化的下垫面也减弱了地表径流的下渗，城市内涝风险也越高。短历时强降水与热岛中心在空间具有较好的一致性分布。城市化进展既有利于城区的强降水事件的发生，又有利于降水强度的增大，从而增大短历时降水量，增加城市内涝风险。

1.4　气候变化和极端天气气候事件

气候变化是指气候平均和气候距平出现了统计意义上的显著变化；平均值的升降表明气候平均状态发生了变化，距平的变化表明气候状态的不稳定性增加，距平越大说明气候异常越明显[16]。气候变化是一个与时间尺度密不可分的概念，在不同的时间尺度下，气候变化的内容、表现形式和主要驱动因子均不相同。根据气候变化的时间尺度和影响因子的不同，气候变化问题一般可分为三类：地质时期的气候变化、历史时期的气候变化和现代气候变化。万年以上尺度的气候变化为地质时期的气候变化，如冰期和间冰期旋回；人类文明产生以来（一万年以内）的气候变化可纳入历史时期气候变化的范畴；1850 年有全球器测气候变化记录以来的气候变化，一般被视为现代气候变化[17,18]。气候变化可以由自然原因引起，也可以由人为原因引起，或者由自然与人类活动的原因共同引起。在工业化革命之前，气候变化主要受太阳活动、火山活动以及气候系统自然变率等自然因素的影响。工业化时期以来，人类通过大量燃烧煤炭、石油等化石燃料向大气中排放了大量的二氧化碳等温室气体，使大气中温室气体的温室效应进一步增强，全球气候出现了以变暖为特征的显著变化。人类活动产生的大量气溶胶粒子，直接影响大气的水循环和辐射平衡，这两种过程都会引起气候变化，人类活动还可以通过土地利用方式的变化，即通过改变地表物理特性影响地表和大气之间的能量和物质交换，从而使区域

11

气候发生变化[17-19]。

　　极端天气气候事件：气候学中定义的"极端"事件是指气候分布中那些远离常态的极值，代表小概率的异常事件，近年来极端天气气候事件频繁发生，威胁到了人类赖以生存的生态环境，受到越来越多的关注[20]。极端天气气候事件在统计意义上属于不易发生的小概率事件，世界气象组织将极端气候事件定义为：特定时段内某类气候要素量值或统计值显著偏离其平均状态、且达到或超出该变量观测或统计值期区间上下限附近某一阈值的事件。虽然这类事件在统计学上属于小概率事件，但突发性极强。

　　极端天气气候事件（如暴雨、洪水、干旱、台风、极端高温和低温等）作为一种小概率事件，其特点是突发性强、危害性大。作为极端事件之一的极端降水事件，由其导致的洪涝是气象灾害中重大的、多发性的灾害，给社会、经济和人民生活造成了严重的影响和损失[21-23]。据联合国有关方面估计，1991～2000 年的 10 年里，全球每年受到气象水文灾害影响的平均人数为 2.11 亿，是因战争冲突受到影响人数的 7 倍，造成全球每年 500～1000 亿美元的财产损失；1996～2005 年的严重内陆洪水灾害是 1950～1980 年间的 2 倍，经济损失则达 5 倍。2007 年，印度和孟加拉国遭遇十年以来最具破坏性的雨季，过多的降雨已经导致这两个国家 3200多人丧生，并造成数千万美元的农业损失；2009 年，巴西亚马孙河流域的极端降水造成了一个世纪以来最严重的水灾，40 人死亡，3.76 万人无家可归；2010 年，由于巴基斯坦遭遇季风带来的强降雨，大概有五分之一的国土都发了洪水，据巴基斯坦政府统计，这次洪水直接影响到了两千万人，其中死亡人数两千多，经济损失高达 430 亿美金。

　　中国季风气候显著，是世界上遭受气象灾害最严重的国家之一，每年因干旱、暴雨洪涝、连阴雨、高温热浪、沙尘暴、台风等各种气象灾害造成的损失占整个自然灾害损失的 70％左右，直接经济损失占国民生产总值的 3％～6％[24]。1998 年，中国长江中下游的特大洪水也造成了上千人伤亡和上千亿人民币的损失；2008 年，雨雪灾害造成农作物受灾面积达 4219.8 千公顷，倒塌房屋 10.7 万间，损坏房屋39.9 万间，因灾直接经济损失 220.9 亿元；2010 年全国气象灾害农作物受灾面积统计来看，暴雨洪涝和干旱为主要气象灾害，受灾面积分别占气象灾害总受灾面积的 41％和 38％，经济损失惨重。

　　不论是发达国家还是发展中国家，面对极端降水事件带来如此严重影响和损失，都显得非常脆弱，引起了各国政府和国际机构的高度重视。在全球变暖大背景下，由于中国特殊的地理位置和地貌特征，中国极端降水事件具有地域性特征，这就向我们对已有的极端降水事件的认识和预测提出了挑战[25-26]。因此，进一步加强对极端事件的规律研究，弄清楚极端降水事件的气候变化规律，开展极端降水事件的研究不仅是保障国家安全、发展经济和防灾减灾的现实需要，更是一项关系国计民生和百姓安危、刻不容缓的重要政治任务，具有非常重大的意义。

第2章 城市水文特征

2.1 降雨损失 （abstraction or losses）

降雨过程中，部分降雨由于植物截留、入渗、填洼与蒸发，没有产生径流，这部分降雨被称为降雨损失。以下将介绍一些常用的计算降雨损失方法。

（1）ϕ 指数法

ϕ 指数法将降雨损失假设成一常数，通过降雨量与径流量（不包括基流）计算。

【例 2.1-1】表 2.1-1 为某一面积为 18.13km^2 的流域 15min 间隔降雨量与径流量监测结果，根据监测结果计算 ϕ 指数法中降雨损失 ϕ 值。

<table>
<tr><td colspan="9" align="center">某流域降雨与径流监测结果　　　　　　　　　表 2.1-1</td></tr>
<tr><td>时间</td><td>7：00</td><td>7：15</td><td>7：30</td><td>7：45</td><td>8：00</td><td>8：15</td><td>8：30</td><td>8：45</td></tr>
<tr><td>降雨量(mm)</td><td>1.2</td><td>3.4</td><td>7.7</td><td>12.9</td><td>17.8</td><td>13.8</td><td>10.2</td><td>7.7</td></tr>
<tr><td>径流量(m³/s)</td><td>0</td><td>0</td><td>5.66</td><td>17.07</td><td>43.38</td><td>138.54</td><td>275.37</td><td>255.79</td></tr>
<tr><td>时间</td><td>9：00</td><td>9：15</td><td>9：30</td><td>9：45</td><td>10：00</td><td>10：15</td><td>10：30</td><td>10：45</td></tr>
<tr><td>降雨量(mm)</td><td>5.6</td><td>4</td><td>2.6</td><td>1.7</td><td>0</td><td>0</td><td>0</td><td>0</td></tr>
<tr><td>径流量(m³/s)</td><td>201.23</td><td>153.65</td><td>112.51</td><td>79.94</td><td>52.48</td><td>33.05</td><td>9.19</td><td>1.99</td></tr>
</table>

第一步：计算总径流量及总径流深度。

总径流量：$V_总 = \sum_{i=1}^{16} Q_i \Delta t = 1379.85 \times 15 \times 60 = 1.242 \times 10^6 (\text{m}^3)$

总径流深度：$d_总 = V_总/A = 1.242 \times 10^6/18.13/10^6 \times 1000 = 68.50 (\text{mm})$

第二步：确定产生径流的降雨时段。

将降雨量降序排列，累积求和，找到累积降雨大于总径流深度的最短时段，由表 2.1-2 可以看出，62.4 mm ＜ $d_总$ = 68.5mm ＜ 70.1mm，所以产生径流的降雨时段为 7：30am 到 8：45am，历时 $t = 75$min，即 1.25h，该时段总降雨量 $P = 70.1$mm。

14

各时刻降雨量排序结果　　　　　　　　　　　　表 2.1-2

时间	8：00	8：15	7：45	8：30	7：30	8：45
降雨量(mm)	17.8	13.8	12.9	10.2	7.7	7.7
累积降雨量(mm)	17.8	31.6	44.5	54.7	62.4	70.1
时间	9：00	9：15	7：15	9：30	9：45	7：00
降雨量(mm)	5.6	4	3.4	2.6	1.7	1.2
累积降雨量(mm)	75.7	79.7	83.1	85.7	87.4	75.7

第三步：计算降雨损失。

$$\phi = (P-d)/t = (70.1-68.5)/1.25 = 1.28(\text{mm/h})$$

（2）径流曲线数法

径流曲线数法是美国土壤保持局提出的计算降雨损失方法，进而计算径流。将降雨损失分为径流产生前的初始损失 I_a 和径流产生后的持续损失 F_a，则径流 $P_e = P - I_a - F_a$，其中 P 为降雨量。除去初始损失，降雨产生的最大可能径流量为 $P - I_a$。美国土壤保持局假定产生径流后，降雨与径流两实际值与最大可能值之间的比例一样，即：

$$\frac{F_a}{S} = \frac{P_e}{P-I_a} \tag{2.1-1}$$

其中，S 为最大损失可能值，根据经验，初始损失 $I_a = 0.2S$，结合 $P_e = P - I_a - F_a$ 可得：

$$P_e = \frac{(P-0.2S)^2}{P+0.8S} \tag{2.1-2}$$

最大损失可能值 S 可以根据径流曲线数 CN 计算：

$$S = \frac{25400}{CN} - 254 \quad (\text{单位：mm}) \tag{2.1-3}$$

CN 与土壤前期湿度等级、土壤水文分类、土地使用情况有关。土壤前期湿度分三个等级干燥，普通，湿润。美国土壤保持局将土壤分为四类：A 类：砂土、壤质砂土、砂质壤土；B 类：壤土、粉质壤土；C 类：砂质黏壤土；D 类：黏壤土、粉质黏壤土、砂质黏土、粉质黏土、黏土。表 2.1-3 列出了普通湿度条件下不同土地使用不同分类的土壤 CN 值[27]。

城市区域不同土地使用径流曲线数　　　　　　　表 2.1-3

土地使用情况	土壤水文分类			
	A	B	C	D
开发完区域				
空地				

土地使用情况	土壤水文分类			
	A	B	C	D
绿化差	68	79	86	89
绿化一般	49	69	79	84
绿化好	39	61	74	80
不透水区域				
硬质路面	98	98	98	98
硬质沟渠	83	89	92	93
沙砾路面	76	85	89	91
泥土路面	72	82	87	89
沙漠区域				
自然沙漠景观	63	77	85	88
人工沙漠景观	96	96	96	96
城市区域				
商业区	89	92	94	95
工业区	81	88	91	93
居住区域				
不透水区面积>65%	77	85	90	92
不透水区面积>38%	61	75	83	87
不透水区面积>30%	57	72	81	86
不透水区面积>25%	54	70	80	85
不透水区面积>20%	51	68	79	84
不透水区面积>12%	45	65	77	82
开发中区域	77	86	91	94

干燥和湿润条件下的 CN 值由普通条件下的 CN 值计算：

$$CN_{干燥} = \frac{4.2CN_{普通}}{10 - 0.058CN_{普通}} \tag{2.1-4}$$

$$CN_{湿润} = \frac{23CN_{普通}}{10 + 0.13CN_{普通}} \tag{2.1-5}$$

（3）入渗公式

当降雨损失主要由入渗组成时，可以直接采用入渗公式进行计算，具体方法将在 2.2.2 介绍。

2.2　表层流（subsurface flow）

2.2.1　非饱和水流（unsaturated flow）

水在土壤中存在三种形式：土壤水分，非饱和流和饱和流。允许水流动的土壤或岩层被称为多孔介质。当多孔介质的孔隙中仍存在空气时，水流为非饱和的，而当所有孔隙都被水填满时，水流是饱和的。饱和水层的自由水面为潜水面。潜水面以下压强大于大气压强，潜水面之上有一小层毛细水带，通过毛细力使得该层处于饱和状态。毛细水带之上一般为非饱和状态；但当降雨时，雨水下渗，表面土壤暂时会处于饱和状态。

孔隙度是指土壤中所有孔隙空间体积与土壤体积的比值，$\eta = V_v / V_s$，其中 V_v 为孔隙空间体积，V_s 为土壤总体积。不同土壤孔隙度有所差异，一般在 0.25～0.75 之间。土壤中的这些孔隙被水或空气占据着，水的体积占比被称为土壤含水量 $\theta = V_w / V_s$，其中 V_w 为孔隙中水的体积。

根据定义 $0 \leqslant \theta \leqslant \eta$；当土壤含水量等于孔隙度时，土壤处于饱和状态。非饱和状态时，水流在多孔介质的运动控制方程为理查德斯方程：

$$\frac{\partial \theta}{\partial t} = \frac{\partial}{\partial z}\left(D \frac{\partial \theta}{\partial z} + K\right) \tag{2.2-1}$$

其中，D 为扩散系数，K 为水力传导系数。

2.2.2 入渗（infiltration）

入渗是指水透过地表进入土壤的过程，入渗速率受许多因素影响，例如地表植被、土壤孔隙度、当前含水量等。由于土壤性质在空间上存在很大的差异，入渗过程非常复杂，只有通过一些数学公式进行概化近似计算。

入渗速率 f 是指单位时间内多少深度的水从土壤表面进入土壤。当土壤表面有积水时，积水以最大入渗速率进入土壤。当土壤表面积水补充不足时，例如降雨强度小于最大入渗速率时，实际入渗速率将小于最大入渗速率。常用的入渗速率公式都是计算的最大入渗速率。累积入渗量 F 是在一段时间内入渗的积水总深度，用积分表示为：

$$F(t) = \int_0^t f(\tau) d\tau \tag{2.2-2}$$

其中，F 为时间积分变量，反过来，入渗速率为累积入渗量的导数：

$$f(t) = \frac{dF(t)}{dt} \tag{2.2-3}$$

霍顿公式

霍顿通过实验发现入渗速率随着时间指数衰减直到固定速率，因此他将入渗速率表示为：

17

$$f(t) = f_c + (f_0 - f_c)e^{-kt} \qquad (2.2\text{-}4)$$

其中，f_c 为稳定入渗速率，f_0 为初始入渗速率，k 为与土壤特性有关的经验常数。

【例 2.2-1】假设降雨强度恒定为 $P = 75\text{mm/h}$，表 2.2-1 为累积径流深度 R 随时间的变化，若入渗过程符合霍顿公式，计算公式中的各参数。

累积径流深度时间序列　　　　　　　　　表 2.2-1

时间(min)	0	10	20	30	40	50	60
累积径流深度(mm)	0	0	0	5.5	14	23.5	33.75
时间(min)	70	80	90	100	110	120	
累积径流深度(mm)	44.5	55.25	66.25	77.25	88.5	99.75	

第一步：计算入渗速率 f。

$$f_i = \frac{(P_i t_i - R_i) - (P_{i-1} t_{i-1} - R_{i-1})}{t_i - t_{i-1}} \qquad (2.2\text{-}5)$$

入渗速率计算　　　　　　　　　表 2.2-2

时间(min)	10	20	30	40	50	60
入渗速率(mm/h)	75	75	42	24	18	13.5
时间(min)	70	80	90	100	110	120
入渗速率(mm/h)	10.5	10.5	9	9	7.5	7.5

第二步：确定稳定入渗速率。

由表 2.2-2 结果可以将稳定入渗速率设定为 $f_c = 7.5 \text{ mm/h}$。

第三步：确定霍顿公式其他参数。

由于 30min 内未产生径流，可以认为此时最大入渗速率大于降雨强度，霍顿公式不适用。最后对 30min 到 100min 内 $\ln(f - f_c)$ 与 t 做线性拟合，结果为：$\ln(f - f_c) = -2.742t + 4.658$，因此经验参数 $k = 2.742 \text{ h}^{-1}$，初始入渗率 $f_0 = f_c + e^{4.658} = 112.92\text{mm/h}$。

菲利普公式：

菲利普通过对理查德斯方程中土壤含水量进行玻尔兹曼转化 $B(\theta) = zt^{-1/2}$，将其简化为关于 B 的常微分方程。最后求解出累积入渗量近似为：

$$F(t) = St^{1/2} + Kt \qquad (2.2\text{-}6)$$

其中，S 为与土壤吸力势能的参数，K 为水力传导系数。通过求导可得入渗速率为：

$$f(t) = \frac{1}{2}St^{-1/2} + K \qquad (2.2\text{-}7)$$

格林安普特公式

格林和安普物提出累积入渗量公式以及对应的入渗速率为：

$$F(t) = Kt + \psi\Delta\theta\ln\left(1 + \frac{F(t)}{\psi\Delta\theta}\right) \qquad (2.2\text{-}8)$$

$$f = K\left(\frac{\psi\Delta\theta}{F} + 1\right) \qquad (2.2\text{-}9)$$

其中，$\Delta\theta$ 为孔隙度与初始土壤含水量的差，ψ 为湿润峰土壤吸力水头。表 2.2-3 给出了不同土壤相关参数值[28]。由于格林安普特公式中 $F(t)$ 无法直接计算，通常需要通过试算法或者牛顿迭代法进行求解。

不同土壤格林安普特公式参数　　　　　　　　　表 2.2-3

土壤类型	孔隙度 η	湿润峰土壤吸力水头 ψ (cm)	水力传导系数 K (cm/h)
砂土	0.437 (0.374~0.500)	4.95 (0.97~25.36)	11.78
壤质砂土	0.437 (0.363~0.506)	6.13 (1.35~27.94)	2.99
砂质壤土	0.453 (0.351~0.555)	11.01 (2.67~45.47)	1.09
壤土	0.463 (0.375~0.551)	8.89 (1.33~59.38)	0.34
粉质壤土	0.501 (0.420~0.582)	16.68 (2.92~95.39)	0.65
砂质黏壤土	0.398 (0.332~0.464)	21.85 (4.42~108.0)	0.15
黏壤土	0.464 (0.409~0.519)	20.88 (4.79~91.10)	0.10
粉质黏壤土	0.471 (0.418~0.524)	27.30 (5.67~131.5)	0.10
砂质黏土	0.430 (0.370~0.490)	23.90 (4.08~140.2)	0.06
粉质黏土	0.479 (0.425~0.533)	29.22 (6.13~139.4)	0.05
黏土	0.475 (0.427~0.523)	31.63 (6.39~156.5)	0.03

【例 2.2-2】计算根据表 2.2-3 计算砂土 1h 后的入渗速率，假设其初始含水量为 0.1。

第一步：确定公式参数。

根据表 2.4-3 中砂土的参数：$\psi=4.95\text{cm}$，$K=11.78\text{cm/h}$，$\eta=0.437$。

$\Delta\theta=0.437-0.1=0.337$

第二步：迭代计算累积入渗量。

取 $F_0=Kt=11.78\text{cm}$，根据公式迭代：$F_{i+1}=11.78\times1+4.95\times0.337\times$

$\ln\left(1+\dfrac{F_i}{4.95\times0.337}\right)$，迭代结果见表 2.2-4。

累积入渗量迭代结果（单位：cm）　　　　　　　　表 2.2-4

F_0	F_1	F_2	F_3	F_4	F_5
11.78	15.26	15.64	15.68	15.69	15.69

因此，1h 累积入渗量 $F=15.69\text{cm}$。

第三步：计算入渗速率。

$$f=K\left(\frac{\psi\Delta\theta}{F}+1\right)=11.78\times\left(\frac{4.95\times0.337}{15.69}+1\right)=13.03\text{cm/h}$$

2.3　地表水（surface water）

2.3.1　地表径流

2.3.1.1　霍顿地表漫流（Hortonian Overland Flow）

霍顿将地表漫流描述为：忽略植被拦截，没有入渗进土壤的雨水。如果土壤的入渗能力为 f，而降雨强度 i 小于 f，则此时没有地表漫流产生；而 i 大于 f 时，地表漫流的产生速率为 $i\text{-}f$。霍顿将其定义为净雨量，认为地表漫流是以薄层水流的形式存在的。延着漫流路径，地表存在部分低洼蓄水，其蓄水量与漫流水深成正比。土壤存储入渗雨水在旱季通过表层流以基流形式进入河流。

霍顿地表漫流适用于多不透水地面的城市区域或干旱半干旱地区入渗能力差的土壤。

2.3.1.2　表层流（Subsurface Flow）

霍顿地表漫流一般很少发生在植被丰富的湿润地区。这些地区的土壤入渗能力除了极端降雨条件之外，一般都会大于降雨强度。表层流因此成为雨水流入到河流的主要途径。表层流的流速很慢，雨水通过这种方式进入河流的量比较小。

2.3.1.3 饱和地表漫流

饱和地表漫流多发生在坡底和河岸处，表层流使得坡底土壤达到饱和后降雨仍然继续时。与霍顿地表漫流相比，饱和地表漫流时土壤从表层流开始就处于饱和状态，而霍顿地表漫流时土壤仅从入渗层开始处于饱和状态。由于表层流的流速比较低，一场降雨事件中，通过表层流或饱和地表漫流进入河流的比例较小，在植被丰富的湿润流域可能只占 10% 左右。

2.3.2 河川径流

河川径流是指所有由地表和地下进入河道的水流，是构成水分循环的重要环节。在一个流域中，最小的河道被称为 1 级河道，这些河道往往只有在雨季有水。当两个 1 级河道汇合时，其下游为 2 级河道。一般而言，两条同级河道汇合后形成一条更高 1 级河道，两条不同级河道汇合后，下游河道级数与上游级数较大的河道相同。

2.3.3 水文过程线

水文过程线是指用于描述河流某一位置流量与时间关系的图表，是根据特定排水区降雨与径流关系对地形与气候特征的综合体现。常见的水文过程线主要有两种：年径流过程线与暴雨过程线。

年径流过程线是一年内径流随时间的变化图，是流域内降水、蒸发与径流之间相互平衡的长期体现。图 2.3-1 是一个典型的年径流过程线，图中尖峰代表的由降雨引起的径流被称为直接径流或快速径流，而旱季变化缓慢的径流被称为基流。对

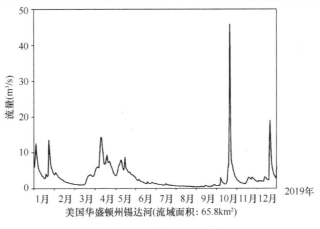

图 2.3-1 年径流过程线

于常年性河流而言，基流占据了年径流过程线的大部分，说明大部分降雨都通过入渗进入流域，以表层流的形式进入河流。图 2.3-2 是暴雨过程线，分为四个部分，AB 段为基流，直接径流从点 B 开始，在点 C 达到峰值，在点 D 结束，DE 段基流重新开始。

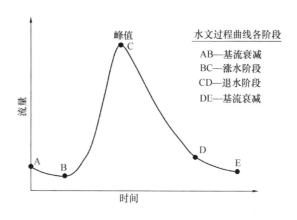

图 2.3-2　暴雨过程线

2.3.4　净雨量、净雨量过程线

净雨量是指未被地表截留和入渗的降雨量，最终以霍顿地表漫流的形式进入河流。净雨量过程线是净雨量与时间的关系，可以通过总降雨减去降雨损失计算。

【例 2.3-1】表 2.3-1 为降雨强度随时间的变化，若降雨损失根据菲利普入渗公式计算，其中 $S = 40mm/h^{0.5}$，$K = 3mm/h$。计算净雨量过程线与总降雨损失。

降雨强度分布　　　　　　　　　　　　　　表 2.3-1

时间（h）	0~0.5	0.5~1	1~1.5	1.5~2	2~2.5
降雨强度（mm/h）	60	75	37.5	25	20

第一步：计算累积降雨量。

通过降雨强度计算各时段的降雨量，然后累积求和，结果见表 2.3-2。

第二步：计算累积入渗量。

根据菲利普入渗公式 $F(t) = St^{1/2}Kt = 40t^{1/2} + 3t$ 计算累积入渗量，结果见表 2.3-2，总降雨损失为 $F(2.5) = 89.06mm$。

第三步：计算净雨量。

通过累积降雨量减去累积入渗量得到累积净雨量，然后减去上一时段累积净雨量得到该时段的净雨量，结果见表 2.3-2。净雨量过程线如图 2.3-3 所示。

各时刻雨量与入渗量　　　　　　　　　表 2.3-2

时间(h)	0~0.5	0.5~1	1~1.5	1.5~2	2~2.5
降雨量(mm)	30	37.5	18.75	12.5	10
累积降雨量(mm)	30	67.5	86.25	98.75	108.75
累积入渗量(mm)	29.78	43	53.49	62.57	70.75
累积净雨量(mm)	0.22	24.5	32.76	36.18	38
净雨量(mm)	0.22	24.28	8.26	3.42	1.82

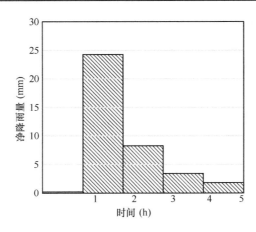

图 2.3-3　净雨量过程线

2.3.5　径流系数

　　径流系数为某一时段内径流深度与同时段内降水深度之比，主要受流域地形、地表植被及土壤特性等的影响，反映流域内自然地理要素对降水-径流关系的影响。根据计算时段不同，径流系数可分为多年平均径流系数、年平均径流系数和洪水径流系数等。

2.3.6　径流深度、流速、路径及时间

　　径流形成、运动是一个非常复杂的过程。首先降雨被地表截留、入渗一部分，当地表产生积水后，慢慢从高处形成漫流，接着形成弯弯曲曲的细流向低处汇流，逐渐合并形成小的河道，最后流入江河湖海当中。河槽径流深度可根据曼宁公式计算：

$$Q = \frac{1}{n} S_0^{1/2} A R^{2/3} \tag{2.3-1}$$

　　其中，n 为曼宁系数，地表径流深度可以根据 $y = \alpha q_0^m$ 计算，其中 $q_0 = Vy$ 为单

位宽度流量，α 与 m 取值由径流流态决定。

对于缓流，$m=2/3$，$\alpha=(f/8gS_0)^{1/3}$，其中 f 是 Darcy-Weisbach 阻力系数，对于急流 $R\approx y$，与曼宁公式对比后可得，$m=3/5$，$\alpha=n^{0.6}S_0^{0.3}$。

根据流速和路径可以计算出水流从某一点到达流域出口所需要的时间，即汇流时间，显然同一流域中不同地点具有不同的汇流时间，其中路径最长的点流到出口断面的时间为最大汇流时间。

2.3.7　地表径流估算方法

影响地表径流的因素有很多，包括降雨历时、强度、空间分布、流域大小、形状、地形、植被等，因此地表径流计算非常复杂。但推理法被广泛应用于设计规范中，用于计算峰值流量：$q_p=CiA$，其中 q_p 为峰值流量，C 为径流系数，i 为降雨强度，A 为流域面积。美国土壤保持局提出的径流曲线数法公式（2.1-2）可用于估算总地表径流，已经在 2.1 节中介绍。

2.4　地　下　水

地下水（Ground Water），是指赋存在地面以下岩石空隙中的水，狭义上是指地下水面以下饱和含水层中的水。《水文地质术语》（GB/T 14157—1993）中规定，地下水是指埋藏在地表以下各种形式的重力水。国外学者认为地下水的定义有三种：一是指与地表水有显著区别的所有埋藏在地下的水，特指含水层中饱水带水；二是向下流动或渗透，使土壤和岩石饱和，并补给泉和井的水；三是地下的岩石空洞里、在组成地壳物质的空隙中储存的水。

地下水作为地球上重要的水体，与人类社会有着密切的关系。地下水的贮存有如在地下形成一个巨大的水库，以其稳定的供水条件、良好的水质，而成为农业灌溉、工矿企业以及城市生活用水的重要水源，成为人类社会必不可少的重要水资源，尤其是在地表缺水的干旱、半干旱地区，地下水常常成为当地的主要供水水源。据估算，全世界的地下水总量多达 $1.5\times10^{15}\,\mathrm{m^3}$，约占地球总水量的 10%。

2.4.1　含水层及其水文特征

含水层是指能够产出显著水量的岩土层。含水层中土壤处于饱和状态。不含有孔隙的岩土层，因不能吸收水分和储存水分，也不能导水，称为不透水层，例如密实的花岗岩。含有孔隙，虽然能够储水，但导水能力极小的岩土层，称为隔水层，例如黏土层或页岩组成的岩土层。水力导度太小，但有可能影响临近含水层水力特性的岩土层，称为弱透水层。隔水层和弱透水层均属于相对不透水层。

1. 含水层分类

含水层可分为承压水层、非承压水层、滞水含水层和渗漏含水层等四类。

（1）承压含水层

承压含水层又称为压力含水层。承压含水层中的地下水承受的压力大于覆盖其上面的不透水层或半透水层所承受的大气压力，因此，若打一水井贯穿承压含水层，则井水位将高出其上隔水层的底部，甚至可能超出地面。当井水位达到地面或地面以上时，相应的承压含水层称为自流含水层，这样的井称为自流井。自流井水位的升降变化主要受压力变化的影响，而不是受蓄水量变化的影响。

（2）非承压含水层

非承压含水层又称为自由含水层或无压含水层或潜水层。非承压含水层中的地下水面承受大气压力，因此，若打一水井贯穿非承压含水层，则井水位与地下水面一致。地下水位的升降变化主要受含水层蓄水量变化的影响。在承压含水层中，如果出现测压管液面低于其上不透水层底的情况，则表明承压含水层变成了非承压含水层。

（3）滞水含水层

滞水含水层是指在区域主体地下水位以上存在的相对较小范围的不透水层或半透水层所支撑的含水层，其为非承压含水层的特殊形式。如果该不透水层或半透水层的底部贯穿地下水主体，则称为半栖留含水层。在沉积黏土层之上通常存在滞水含水层，其储存的地下水量一般较少。

（4）渗漏含水层

无论是否承压，渗漏含水层均通过临近的半透水层损失或获得水量。至少有一个半透水隔水层的承压含水层称为承压渗漏含水层。半透水层以上的非承压含水层称为非承压渗漏含水层。

2. 含水层水文特征

不同含水层承受压力来源不同，其水文特征也具有一定差异。

（1）非承压含水层的水文特征

非承压含水层一般位于地面以下，第一个区域性隔水层之上。非承压含水层地下水具有自由水面，受重力作用，水压分布与静水压力分布相同，水面线的形状与地形、含水层的透水性和厚度、隔水层的起伏等相关，其补给区和排泄区分布一致。非承压含水层地下水通过包气带可与大气层发生一定的水分交换。

非承压含水层地下水与地表水体关系一般十分密切。在靠近河流、湖泊的区域，由于枯水期潜水位往往高于水体的枯水位，地下水将补给地表水体，甚至成为部分地表水体枯水期径流的主要水源；在洪水期，则由于潜水位低于地表水体水位，地表水将会补充潜水。在一次洪水过程中，可能出现时而地表水体水位高于潜水位、时而潜水位高于地表水位的情况。当地表水体水位高于潜水位时，地表水体就会向岸边土层输送水量，当地表水体水位低于潜水位时，储存在岸边土层中的地下水又会释放出来，逐渐流归地表水体，这种水体流向波动的现象称为河岸调节作用。距离地表水体愈近，河岸调节作用愈明显，例如，在平原地区，河岸调节作用的范围可以达到防离河岸 1～2km 的地方。

影响河岸调节量的主要因素是地表水体水位与潜水位的相对高差，决定河岸调节周期长短的主要因素是洪水的延续时间。而含水层的厚度和透水性以及含水层相对于地表水体的位置，决定了河岸调节作用是否存在，以及属于何种类型河岸调节。据此，可将地下水与地表水之间的关系分为以下几种情况：

① 具有周期性水力联系。当不透水层低于河流的最枯水位时，河槽的底部一般位于非承压含水层中。在这种情况下，一次洪水过程中，河岸调节作用明显，地下水水位受控于河水。在大江大河的中下游，第四系松散沉积物深厚，常见此情况。

② 具有单向水力联系。这种情况出现在河水位始终高于潜水位时，表现为河水长期渗漏，不断地补给地下水。在山前冲积扇地区，常见此情况。

③ 无水力联系。河槽切割很深，使洪水位可能低于不透水层面的标高，以致潜水位始终高于河水位，地下水总是补给河流，并无水力联系。这种补给量虽然不大，但比较稳定，是山溪性河流可靠的补给来源。

④ 具有间歇性水力联系。不透水层位置处于河流洪、枯水位之间，地下水与地表水之间将具有间歇性水力联系，即洪水期地下水与地表水发生水力联系，枯水期则不发生水力联系。这种情况常出现在丘陵低山、非承压含水层较厚的地区。

（2）承压含水层的水文特征

承压含水层位于两具隔水层之间。承压含水层地下水虽然也受重力作用，水压力分布也与静水压力分布相同，但承压含水层没有自由水面，假想的压力水面只有在隔水层被揭穿时都会显现出来，其形状与补给区和排泄区的相对位置有关。承压含水层地下水测压管水位，因为取决于水压力的传导作用，所以比较稳定。承压含水层的补给区和排泄区一般不一致，补给区可能远离排泄区，补给的时间可能较长。只有当河流切割至承压含水层时，承压地下水都会补给河流。

形成承压地下水的地质构造是褶曲型储水构造，它包括向斜蓄水构造和单斜蓄水构造。补给区位于构造边缘、在地势较高的地面部位，直接承受大气降水和地表水补给，其动态变化受气象和水文因素影响。承压区是含水层被上隔水层所覆盖的地段，主要承受静水压力，具有压力水头。承压含水的储水量主要与承压区分布的范围、含水层厚度和透水性、补给区的大小、补给来源等有关。一般在承压区分布面积广、含水层厚度大、透水性强、补给来源充分的地区，承压水储量大，动态变化也比较稳定。承压地下水的排泄区常处在构造边缘地势较低的地段，或出于断裂构造错动带。含水层被河流侵蚀或被断裂破坏，往往以上升泉的形式出露地表，或者直接向河流排泄，补给河流。有时也可能成为非承压含水层的补给源。

2.4.2 地下水分类

根据地下水的某一特征或综合考虑若干特征可形成不同分类。

根据地下埋藏条件不同，地下水可分为上层滞水、潜水和承压水三大类。上层滞水是指埋藏在离地表不深、包气带中局部隔水层之上的重力水。上层滞水一般分布不广，随着季节性变化，在雨季出现，干旱季节消失，其动态变化与气候、水文因素的变化密切相关。潜水是指埋藏在地表以下、第一个稳定隔水层以上、具有自由水面的重力水。潜水在自然界中分布很广，一般埋藏在第四系松散沉积物的孔隙及坚硬基岩风化壳的裂隙、溶洞。承压水是指埋藏并充满两个稳定隔水层之间的含水层中的重力水。承压水受隔水层之间的静水压作用力，补给区与分布层不一致，其动态变化不明显。承压水不具有潜水那样的自由水面，所以它的运动方式不是在重力作用下的自由流动，而是在静水压力的作用下，以水量交替的形式进行运动。

根据含水层的性质，地下水可分为孔隙水、裂隙水和岩溶水。孔隙水是指疏松岩土孔隙中的水，如松散的砂层、砾石层和砂岩层中的地下水，多储存于第四系松散沉积物及第三系少数胶结不良的沉积物孔隙中。沉积物形成时期的沉积环境对于沉积物的特征影响很大，使其空间几何形态、物质成分、粒度以及分选程度等具有不同特点。裂隙水是储存在坚硬、半坚硬基岩裂隙中的重力水。裂隙水的埋藏和分布具有不均一性和一定的方向性，含水层的形态多种多样，明显受地质构造因素的控制，水动力条件相对复杂。岩溶水又称为喀斯特水，指存在于可溶岩石（如石灰岩、白云岩等）的岩溶空隙中的地下水。岩溶水水量丰富而分布不均一，含水系统中多重含水介质并存，既有具统一水位面的含水网络，又具有相对孤立的管道流；既有向排泄区的运动，又有导水通道与蓄水网络之间的互相补排运动；水质水量动态受岩溶发育程度的控制，在强烈发育区，水质水量动态变化较大，对大气降水或地表水的补给响应快；岩溶水既是赋存于溶孔、溶隙、溶洞中的水，又是改造其赋存环境的动力，不断促进含水空间的演化。

根据起源不同，地下水可分为渗入水、凝结水、初生水和埋藏水。渗入水是指降水渗入地下形成的地下水。凝结水是指水汽凝结形成的地下水。当地面的温度低于空气温度时，空气中的水汽进入土壤和岩石空隙，在颗粒和岩石表面凝结形成地下水。初生水是由岩浆中分离出来的高温气体冷凝形成的地下水。埋藏水是指与沉积物同时生成或海水渗入到原生沉积物的孔隙中形成的地下水。

除此之外，根据矿化程度不同，地下水可分为淡水、微咸水、咸水、盐水和卤水等。

2.4.3　我国地下水资源分布

依据我国地下水的赋存、分布状态，《中国地下水类型分布图》将全国地下水类型划分为四种，分别为平原-盆地地下水、黄土地区地下水、岩溶地区地下水和基岩山区地下水。

（1）平原—盆地地下水

地下水主要赋存于松散沉积物和固结程度较低的岩层之中，一般水量比较丰富，具有重要的开采价值。平原-盆地地下水主要分布于我国的各大平原、山间盆地、大型河谷平原和内陆盆地的山前平原和沙漠，主要包括黄淮海平原、三江平原、松辽平原、江汉平原、塔里木盆地、准噶尔盆地、四川盆地以及河西走廊、河套平原、关中盆地、长江三角洲、珠江三角洲、黄河三角洲、雷州半岛等地区。我国平原盆地地下水分布面积 273.89km²，占全国评价区总面积的 28.86%；地下水可开采资源量 1686.09 亿 m³/年，占全国地下水可开采资源总量的 47.79%。

黄淮海平原是我国第一大地下水富集区。评价区面积 24.13km²，占全国评价区总面积的 2.64%，地下水可开采资源量 373.37 亿 m³/年，占全国地下水可开采资源总量的 10.58%，范围包括北京市南部、天津市大部、河北省东部、河南省东北部、山东省西北部、安徽省北部和江苏省北部地区。三江-松辽平原是我国第二大地下水富集区。评价区面积 34.2km²，占全国评价区总面积的 3.74%，地下水可开采资源量 306.4 亿 m³/年，占全国地下水可开采资源总量的 8.68%，范围包括黑龙江省的大部、吉林省西部、辽宁省西部和内蒙古自治区的东北部地区。

（2）黄土地区地下水

黄土地区地下水是平原-盆地地下水的一种，主要分布在我国的陕西省北部、宁夏回族自治区南部、山西省西部和甘肃省东南部地区，即日月山以东、吕梁山以西、长城以南、秦岭以北的黄土高原地区。黄土地区地下水主要赋存于黄土塬区，在一些规模较大的塬区，地下水比较丰富，具有供水价值。评价区面积 17.18 万 km²，占全国评价区总面积的 1.81%；地下水可开采资源量 97.44 亿 m³/年，占全国地下水可开采资源总量的 3.0%。

（3）岩溶地区地下水

岩溶地区地下水主要赋存于碳酸盐岩（石灰岩）的溶洞裂隙中，其赋存状态取决于岩溶发育程度。我国碳酸盐岩分布较广，有的直接裸露于地表，有的埋藏于地下，不同气候条件下，其岩溶发育程度不同，特别是北方和南方地区差异明显。我国岩溶地区地下水分布面积约 82.83 万 km²，占全国评价区总面积的 8.73%；岩溶地下水可开采资源量 870.02 亿 m³/年，占全国地下水可开采资源总量的 26.7%，开发利用价值非常大。

北方岩溶区主要包括京-津-辽岩溶区、晋冀豫岩溶区、济徐淮岩溶区，分布与北京、山西、河北、河南、山东、江苏、安徽、辽宁、天津等省（市、区）的部分地区。北方岩溶地下水具有集中分布的特点，往往形成大型、特大型水源地，成为城市与大型工矿企业供水的重要水源。南方岩溶区主要分布在西南岩溶石山地区，包括云南、贵州、广西的大部分地区和广东、湖南、湖北等省的部分地区。南方岩溶地下水主要赋存于地下暗河系统里，地下水补给充沛，但地下水地表水转化频繁，岩溶地下水难以被很好地开发利用。

（4）基岩山区地下水

基岩山区地下水广泛分布于岩溶地区以外的其他山地、丘陵区，地下水赋存于岩浆岩、变质岩、碎屑岩和火山熔岩等岩石的裂隙中，是我国分布最广的一种地下水类型。基岩山区地下水只有在构造破碎带等局部地带富水性较好，大部分地区水量较贫乏，一般不适宜集中开采，但对山地丘陵区和高原地区的人、畜用水有重要作用。山区地下水分布面积约 574.98 万 km²，占全国评价区总面积的 60.60%；地下水可开采资源量 971.67 亿 m³/年，占全国地下水可开采资源总量的 27.54%。

2.4.4　我国地下水资源开发利用现状及存在问题

我国地下淡水资源总量已经占全国水资源总量的 33％。自改革开放以来,我国年均地下水开采量都超过 25 亿 m^3。全国有近 400 座以上城市共同开采和利用地下水资源,地下水使用已经达到城市淡水用水总量的 30％以上,某些西北、华北城市地下水利用比例甚至高达 70％以上。

我国地下水使用量巨大,但利用效率低下,以农业用水为例,我国各地的渠灌区水利用系数仅为 0.3 左右,井灌区水利用系数也不足 0.7,城市人均耗水量只能达到发达国家的中等水准,而在工业方面用水方面重复利用率偏低(40％),而发达国家重复利用水平已经达到 80％~85％。多年来,全国各地都存在地下水违规大量超采的情况,造成地下水水位下降甚至地下水资源枯竭,同时也造成地区地下水污染,引发了一系列的自然生态问题,为地下水体系的健康发展带来巨大压力,地下水资源开发利用形势越来越严峻。

我国地下水资源开发利用中存在的问题主要包括以下三个方面:

(1) 水资源供需不平衡

我国存在严重的水资源供需矛盾,这在我国经济快速发展的大背景下愈发明显。随着国民生活水平的普遍提高,工农业及生活用水需求量也在不断增加,这为我国许多分水城市带来极大的水资源供需压力。为此,许多城市都采取水资源量计算方法预测城市总需水量,评估地表水和地下水可补给量,希望通过供需平衡弥补未来水资源供需缺口。

(2) 地下水水位下降

我国地下水超采严重,多看来地下水位呈现持续下降态势。根据过去 10 年的统计数据,我国已经有 200 多座城市与井灌区地下水水位呈连年下降的趋势。以北京市为例,其在 2000~2005 年间由于开采地下水,造成地下水水位下降 3.47~3.80m,部分区域出现地面沉降,对市区道路、建筑和地下管线等造成严重破坏。与之类似,天津、西安、上海等 20 多座城市在 2000~2010 年期间也出现不同程度的地面沉降,其中以天津最为严重,10 年间地面沉降量已经达到 2.72m。地下水的过度开采势必会造成开采量大于资源量的逆发展状况,造成地区地下水位下降,形成降落漏斗,导致地面沉降。目前,我国面积较大的地下水降落漏斗已经有 60 多个,总面积超过 10 万 km^2。

(3) 地下水污染严重

我国经济高速发展的同时也对环境造成严重破坏和污染，其中许多工农业"三废"未经科学处理就直接排放到自然环境中，且排放量巨大，污染物随地表水渗透进入地下水，此外，部分企业违法将工业废水注入地下水，对地下水造成严重污染。近10年来，我国十余个沿海城市地下水超采造成地下水水位下降，大量海水入侵地下水系统，据统计，目前我国地下水遭海水入侵面积已经超过 $2000km^2$，入侵距离最远达到10km。海水入侵后，原有地下淡水体系和来自沿海的咸水体系平衡被打破，进一步削弱淡水资源，同时，大量土地发生次生盐碱化，严重影响地方农业发展。另一方面，城市生活污水、医用废水、动物排泄物等不合理处置对地下水资源的影响也不容忽视。

第3章 城市水文分析

3.1 低影响开发与水文的关系

3.1.1 城市化进程对水文过程的影响

天然流域地表具有良好的透水性，大气降水到达地表后可通过植被截留蒸发、地面填洼、下渗补给地下水、涵养在地下水位以上的土壤空隙、形成地表径流汇入受纳水体。城市化进程改变下垫面的透水性，天然原生植被和土壤被破坏，人工构筑的建筑物、道路等不透水地面大量增加，改变流域的原有水文过程。城市化进程中雨水管网的铺设、天然河道截弯取直，疏浚整治使得排水管网内雨水流速加快，河道汇流的水力效应增加，加之天然河道的调蓄能力减小，使得城市区域内产汇流过程发生变化。一方面，降水的土壤下渗量和植被蒸散量显著减少，地表有效降水增加，导致地表径流系数、径流总量和洪峰流量显著增加，地表径流速度加快，汇流时间缩短，水质下降，洪水总量增加，洪水过程线呈现峰高坡陡；另一方面，城市流域径流量增加，超出排水系统管网的排水能力，出现溢流，造成内涝灾害。天然河道漫滩被城市建设挤占，减小河槽过流断面，导致其抗洪能力减弱。此外，城市化过程中不透水面大大增加，切断降雨通过下渗对地下水的补给，造成地下水位下降，引起土壤壤中流和河流基流减少等生态不利影响。

3.1.2 低影响开发

低影响开发（Low Impact Development，LID）理念形成于 20 世纪 90 年代，指在场地开发过程中采用源头、分散式措施维持场地开发前的水文特征，也称为低影响设计（Low Impact Design，LID）或低影响城市设计和开发（Low Impact Urban Design and Development，LIUDD）。低影响开发的核心是维持场地开发前后水文特征不变，包括径流总量、峰值流量、峰现时间等（图 3.1-1）。

低影响开发通过降低城市不透水面积、保护天然自然资源和生态环境、维持或

恢复天然的排泄河道、减少管网
的应用等，最大程度地降低径流
对城市的影响。研究表明，城市
不透水面积的增加是导致城市水
文循环机制改变的最主要原因。
因此，降低城市不透水面积的比
例，可以增加径流对地下水的入

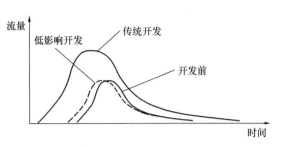

图 3.1-1　低影响开发水文原理示意图

渗补给、改变径流路径，最终在径流量、频率及时间上对雨水资源进行管理。

　　另一方面，低影响开发通过一系列调控措施，使雨水径流均匀分布在整个区
域，削减其集中性，维持天然状态下的汇流时间，并对排泄量进行调控。天然状态
下的径流呈分布式状态，部分降水直接入渗补给地下水，超标雨水形成地表径流。
低影响开发采用一系列截流、滞留措施在延长径流路径的同时，增加对地下水的入
渗补给，延长了汇流时间。这些分散式调控措施能够使径流均匀分布于整个区域，
减小洪峰流量、延长汇流时间，从径流总量、峰值流量和峰现时间等方面恢复城市
开发前的水文特征。

3.2　水　文　统　计

　　水文过程在时空中变化，一部分是可预测的，确定的，但另一部分则是随机
的。在很多情况下，随机因素大于确定因素，观测的参数之间没有明显的相关性，
在这种情况下，水文过程一般会被认为是时空各自独立的随机过程。比如洪水和干
旱事件。

　　用统计的方法分析和描述水文循环一部分的关键变量，对于规划、设计和评估
海绵基础设施及其暴雨管理至关重要。通常我们说 100 年一遇的暴雨并不是指 100
年里才遇到一次，而是指该强度的暴雨每年出现的几率是 1%。所以从概率的角度
来说一年之内发生多次 N 年（N>1）一遇的暴雨也就不足为奇了。由于篇幅的关
系，我们就不详细介绍水文统计的基础理论了，仅介绍水文统计在海绵城市中的
应用。

3.2.1　水文统计分析

　　如前所述，由于城市化改变了开发前的下垫面和用地属性，水文循环也随之改

变，短历时强降雨的频率可能增加，汇流时间缩短，河道基流减少，而峰值增加，地下水位下降，极端气象事件在强度和频率上都有所增加，因此，水文统计就是通过分析降雨和径流数据，找出其特征和规律及与下垫面和土地使用的关系。例如汇水区下垫面和土地利用改变的水文效应和洪水响应，产生内涝的暴雨特征，这些特征规律是城市雨洪管理和基础设施规划和设计的重要依据。

　　水文统计分析最先应用于城市的排水系统设计。排水系统的设计需要分析降雨数据，从中得到降雨强度、历时和重现期。在国外，降雨强度—降雨历时—降雨重现期（Intensity-Duration-Frequency）是以曲线的形式来表达，称作 IDF 曲线。而国内则一般采用暴雨强度公式，计算不同重现期和不同历时的降雨强度。排水工程师则根据 IDF 曲线或暴雨强度公式来设计排水系统的大小。图 3.2-1 为典型的 IDF 曲线，3.2.3 将详细描述 IDF 的制作。暴雨强度公式则在第 4 章中详细介绍。

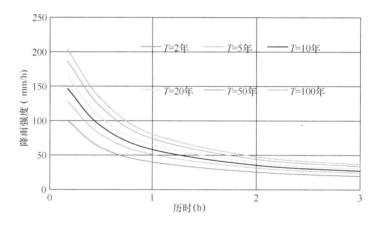

图 3.2-1　根据镇江市降雨资料制作的 IDF 曲线

　　城市下垫面和用地属性的改变使得汇水区的水文响应变得复杂，所以仅分析降雨特征不足以回答汇水区的水文响应。最典型的情况就是排水系统的流量与雨强成正比，但径流量和雨强的关系就没有那么明显了，因为除了雨强外，径流量还与降雨历时有关。一般来说，短历时的强降雨，产生的径流量并不大，但瞬间的流量却非常大，所以在这种情况下，内涝往往是由于瞬间流量大，排水系统无法及时排走造成的。但是对于调蓄池来说，雨污合流的溢流则是由于径流量过大造成的。城市水文的变化可能使得降雨间隔变小，调蓄池还没有来得及排干前一场降雨的合流，下一场降雨已经来临。由此可见，水文分析对于不同的基础设施设计有着不同的侧重点。

34　　在海绵城市设计和面源污染控制中，径流控制率和水质控制体积（Water

Quality Volume）都是关键的指标。国内一般采用径流控制率，国外一般采用水质控制体积，但不管采用哪一种方法，都要分析 30 年以上的降雨数据。以水质控制体积为例，首先将 30 年的场次降雨依雨量大小排序，在统计分析的过程中，最简单的方法就是将降雨场次按日历天计算，然后将日历天的降雨量按大小排列，算出大于 90% 百分位的降雨总量（以英寸或毫米计）。一般大于 90% 百分位的降雨量为 25.4mm 或 1 英寸。水质控制体积除了考虑降雨量外，还要考虑径流系数及汇水面积。与推理公式采用的径流系数略有不同，水质控制体积的径流系数考虑的仅是不透水表面。

例如纽约、费城、宾夕法尼亚、马里兰等州采用的水质控制径流系数为[29]

$$C = 0.05 + 0.009i \tag{3.2-1}$$

俄亥俄州的径流系数为[30]：

$$C = 0.85i^3 - 0.78i^2 + 0.774i + 0.04 \tag{3.2-2}$$

式中 C 为水质控制径流系数，i 为不透水面覆盖率。

水质控制径流系数的计算方法是基于美国环保总署 1980 年代全国面源污染调查（Nationwide Urban Runoff Program，NURP）的分析结果。不透水地面与径流系数的关系如图 3.2-2 所示。

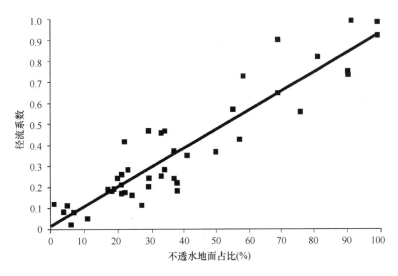

图 3.2-2 汇水区径流系数与不透水地面的关系（每一点表示场地多次降雨的平均径流系数）

综上所述，水文统计分析不仅是分析降雨、径流，还和面源污染密切相关。

3.2.2　水文统计分析中常用的概率分布

水文统计分析中常用的概率分布有正态分布、对数正态分布、指数分布、极值分布等，下面我们简单地介绍一下常用的概率分布。

正态分布是水文学中常用的一种概率分布，它是从中心极限定理导出，是一个连续的概率分布。若一组随机变量 X_i 是独立同分布，它的期望值为 μ，方差为 σ^2，那么 n 个随机变量 X_i 的和 $Y = \sum_{i=1}^n X_i$ 当 n 趋向于无限大时，趋向于期望值为 $n\mu$，方差为 $n\sigma^2$ 的正态分布。这里需要强调的是不管 X_i 是什么概率分布，只要 n 足够大，$\bar{x} = \sum_{i=1}^n X_i / n$ 就近似于期望值为 μ，方差为 σ^2/n 的正态分布。正态分布的概率密度函数为

$$f(x) = \frac{1}{\sqrt{2\pi}\sigma} \exp\left[-\frac{(x-\mu)^2}{2\sigma^2}\right] \tag{3.2-3}$$

水文变量，如年降雨量，包括了很多独立事件的影响，就可以看作正态分布。正态分布描述水文变量的主要限制在于它是一个在 $[-\infty, \infty]$ 分布的连续变量，对称于 μ。而水文变量为非负数，通常为不对称分布，或偏态分布。

如果 $Y = \log X$ 为正态分布，那么 X 就称为对数正态分布。在水文学中，有些参数的形式可以表现为其他参数的乘积。如果 $X = X_1 X_2 \cdots X_n$，X_i 是独立同分布，且 n 足够大，那么就 $Y = \log X = \sum_{i=1}^n \log X_i = \sum_{i=1}^n Y_i$ 近似于正态分布。如多空介质的水利传导系数，雨点大小的分布都适用于对数正态分布。有些区域如马来西亚的柔佛州[31]，雨强、历时也符合对数正态分布。

相对于正态分布，对数正态分布的优点在于所有的随机变量都为正值，通过对数转换，可以减少水文数据中经常出现的正偏度。

在水文事件中，有些事件可以用泊松过程来描述。泊松过程是随机过程的一种，是以事件的发生时间来定义的。我们说一个随机过程 $N(t)$ 是一个泊松过程，如果它满足以下条件：在两个不重叠的区间内所发生的事件的数目是互相独立的随机变量及在区间 $[t, t+\tau]$ 内发生的事件的数目的概率分布为

$$P[N(t+\tau)] - N(t) = k] = \frac{-e^{\lambda\tau}(\lambda\tau)^k}{k!}, \ k = 0,1,2\cdots \tag{3.2-4}$$

式中，$\lambda > 0$ 为固定参数，通常称为抵达率或强度。所以，如果给定时间区间为 $[t, t+\tau]$，则时间区间之中事件发生的数目随机变数 $N(t+\tau) - N(t)$ 呈现泊松分布，其参数为 $\lambda\tau$。

如果随机变量 τ 是独立同分布，遵循指数分布：

$$f(\tau) = \lambda e^{-\lambda\tau} \tag{3.2-5}$$

那么它的期望值为 λ，方差也为 λ。

指数分布的优点是期望值和方差很容易从水文数据中获得，也很容易用理论模型解释。它的缺点是要求每一次事件发生是完全独立于之前的事件，这一点在很多水文事件中很难成立。例如在水文分析中，为了简单起见，一般将降雨事件视为泊松过程，每一次降雨之间的时间间隔也可以视为随机的独立事件，遵循指数分布。但是实际上往往一个锋面到达时，可能产生多场阵雨，在这种情况下，λ 可能就是一个随机变量了。

最后我们介绍一下极值分布。极值一般是指数据中的最大和最小值。某城市的年最大降雨就是指在 n 年的降雨数据中记录的最大的降雨。而每一年的最大降雨则是该年内记录的最大降雨。所以每一年的最大降雨形成一组极值数据，可以采用统计的方法进行分析。

广义极值分布的分布函数为：

$$F(x) = \exp\left[-\left(1 - k\frac{x-\mu}{\alpha}\right)^{1/k}\right] \tag{3.2-6}$$

式中 k，μ，α 为待定参数，$\alpha>0$。

当 $k \to 0$ 时，广义极值分布简化为极值 I 型。

$$F(x) = \exp\left[-\exp\left(-\frac{x-\mu}{\alpha}\right)\right], \quad \alpha = \frac{\sqrt{6}\sigma}{\pi}, \quad \mu = \bar{x} - 0.5772\alpha \tag{3.2-7}$$

当 $k<0$ 时，广义极值分布称为极值 II 型，$(\mu+\alpha/k) \leqslant x<\infty$。当 $k>0$ 时，广义极值分布称为极值 III 型，$\infty<x\leqslant (\mu+\alpha/k)$。

极值 I 型通常称为耿贝尔（Gumbel）分布，极值 II 型称为弗雷歇（Frechet）分布。如果随机变量 x 符合极值 III 分布，那么 $-x$ 称为韦布尔（Weibull）分布。在水文分析中，用得最多的是耿贝尔分布。

P-III 型分布曲线是一端有限的不对称单峰、正偏曲线，也常用于水文分析中，其概率密度的数学表达式为：

$$f(x) = \frac{\beta^{\alpha}}{\Gamma(\alpha)}(x-b)^{\alpha-1}e^{-\beta(x-b)} (b \leqslant x \leqslant \infty) \tag{3.2-8}$$

式中，$\Gamma(\alpha)$ 为伽马函数；α，$\beta>0$。

三个原始参数 α，β，b 可以通过矩法确定，通过 3 个统计参数 $\bar{x}$，C_V，C_S

37

表示：

$$\alpha = \frac{4}{C_S^2} \qquad (3.2\text{-}9)$$

$$\beta = \frac{2}{\overline{x}C_V C_S} \qquad (3.2\text{-}10)$$

$$b = \overline{x}\left(1 - \frac{2C_V}{C_S}\right) \qquad (3.2\text{-}11)$$

式中：C_V——变差系数；

$\qquad$ C_S——偏态系数；

$\qquad$ $\overline{x}$——均值。

这3个统计参数各自的计算方法。

$$\overline{x} = 1/n \sum x_i \qquad (3.2\text{-}12)$$

$$C_V = \sqrt{\frac{\sum(x_i/\overline{x}-1)^2}{n-1}} \qquad (3.2\text{-}13)$$

$$C_S = \frac{n\sum(x_i/\overline{x}-1)^3}{(n-1)(n-2)\cdot C_V^3} \qquad (3.2\text{-}14)$$

3.2.3　分析实例

IDF曲线是常用于水文、水利和水资源系统的设计。IDF曲线可以根据耿贝尔分布得出。下面我们给出镇江IDF曲线的推导过程。表3.2-1列出了镇江市1987～2016年不同历时的最大降雨强度。

镇江1987～2016年最大降雨强度（mm/h）　　　　　　　　　　　表3.2-1

年份	10min	30min	1h	2h	3h
1987	160.92	87.18	55.89	28.76	19.47
1988	109.56	59.56	41.65	23.55	16.96
1989	123.60	78.56	52.65	31.65	21.97
1990	98.94	68.32	41.83	24.87	18.77
1991	74.16	47.80	37.13	33.85	27.90
1992	88.92	48.06	29.21	15.15	11.23
1993	66.78	36.56	27.23	17.73	14.35
1994	127.32	63.78	31.97	17.00	11.41
1995	70.50	47.68	38.24	28.46	25.16
1996	96.90	46.26	30.96	27.17	18.92
1997	64.74	25.66	12.90	12.07	12.06
1998	122.64	81.52	43.64	25.22	19.51
1999	86.52	71.98	50.83	28.61	19.88

续表

年份	10min	30min	1h	2h	3h
2000	79.62	41.84	34.57	23.62	23.37
2001	86.22	79.10	58.25	29.94	21.00
2002	151.74	93.14	54.73	30.87	21.34
2003	113.94	75.44	44.97	34.48	27.14
2004	89.40	56.80	38.20	29.45	25.10
2005	153.60	99.00	50.90	26.05	17.43
2006	81.00	48.80	34.50	24.15	17.80
2007	94.20	69.80	53.70	39.20	31.47
2008	71.40	44.20	36.50	27.70	19.43
2009	91.80	56.60	40.80	27.15	23.93
2010	185.40	107.40	61.00	37.25	26.50
2011	130.80	56.00	40.50	24.60	19.30
2012	151.80	82.80	44.90	24.00	18.33
2013	90.60	33.20	25.40	16.15	11.83
2014	123.00	105.00	73.80	40.40	27.33
2015	87.60	57.00	36.60	26.70	23.83
2016	96.60	55.80	37.20	23.75	18.37
平均值	105.67	64.16	42.02	26.65	20.37
标准差	31.24	21.34	12.31	6.76	5.19

定义
$$y = \frac{x-\mu}{\alpha} \tag{3.2-15}$$

代入式（3.2-7）得：
$$F(x) = \exp[-\exp(-y)] \tag{3.2-16}$$

解 y 得：
$$y = -\ln\left[\ln\frac{1}{F(x)}\right] \tag{3.2-17}$$

令 T 为重现期，那么 $1/T = P(x \geqslant x_T) = 1 - P(x \leqslant x_T) = 1 - F(x_T)$，所以 $F(x_T) = (T-1)/T$，带入式（3.2-17）得
$$y = -\ln\left(\ln\frac{T}{T-1}\right) \tag{3.2-18}$$

将式（3.2-18）代入式（3.2-15），
$$x_T = \mu - \alpha\ln\left(\ln\frac{T}{T-1}\right) \tag{3.2-19}$$

μ，α 在式（3.2-7）中已给出，整理后得：

$$x_{\mathrm{T}} = \overline{x} + k_{\mathrm{T}} S \tag{3.2-20}$$

式中　$k_{\mathrm{T}} = \dfrac{\sqrt{6}}{\pi}\left[0.5772 + \ln\left(\ln\dfrac{T}{T-1}\right)\right]$，$\overline{x}$ 是平均值，S 是标准方差。

表 3.2-2 给出了不同重现期的 k_{T}。

不同重现期频率参数　　　　　　　　　　　　　　表 3.2-2

T（年）	2	5	10	20	50	100
k_{T}	−0.164	0.719	1.305	1.866	2.592	3.137

例如 5 年 1 遇历时 30min 的降雨强度（mm/h）可根据（3.2-20）算出：

$$x_{5,30\mathrm{min}} = \overline{x}_{30\mathrm{min}} + k_5 S_{30\mathrm{min}} = 64.16 + 0.719 \times 21.34 = 79.51(\mathrm{mm/h})。$$

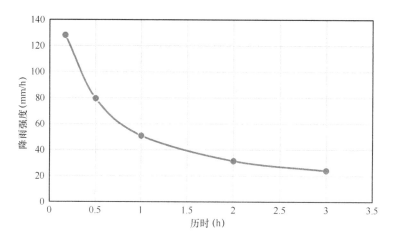

图 3.2-3　镇江 5 年一遇不同历时降雨强度

以上计算是基于镇江市降雨概率符合耿布尔分布。本案例主要用于说明 IDF 曲线理论推导过程，更多详细案例将在下一章介绍。另外若降雨资料时间范围较短，比如小于 20～25 年，可采用年超越降雨强度序列进行第 1 步的分析。例如某地区只有 20 年的降雨数据，可将这 20 年不同历时下的降雨强度从大到小进行排序，选取前 20 组数据进行下一步分析。由于这种方法可能选取到同一年内的两场降雨，甚至更多。因此最后计算得到的降雨强度比年最大降雨强度计算得到的大，需要进行校正。2 年一遇、5 年一遇、10 年一遇的计算值需要分别乘以 0.88、0.96、0.99，重现期更长的不需要校正。

第4章 暴雨强度公式

近年来，受全球气候变暖影响，我国各地极端暴雨事件呈多发、频发之势，加之城市排水防涝标准偏低、基础设施规划和建设滞后、调蓄雨洪和应急管理能力的不足，很多城市频繁出现了严重的暴雨内涝灾害，所造成的灾害损失也越来越大。而气候变化和城市化（地面硬化）发展背景下由暴雨诱发的城市内涝灾害也日趋严重，城市内涝已成为最突出、影响最严重的城市灾害之一，"欢迎来××市看海"忽然就流行了起来。城市排水防涝防洪成为社会关注的热点，引起了国家及地方政府对排涝设施建设的重视。

暴雨强度公式是科学、合理地制定城市和重大工程区域给排水规划和工程设计的基础，它直接影响到排水工程的投资预算和可靠性，城市排水工程的可靠性与采用的暴雨强度公式有直接关系，而排水工程直接影响到城市防灾减灾的功能和城市环境。根据中华人民共和国国家规范《室外排水设计规范》（GB 50014—2006，2016年版）规定[32]，在进行城市排水工程规划设计时，雨水管网的规划设计排水量应用当地的暴雨强度公式进行计算。所谓暴雨强度公式，是能反映一定频率的暴雨在规定时段最不利时程分配的平均强度的计算公式，它对优化城市排水渠道和地下管网规划、预防大面积渍涝灾害有非常重要的作用。而气候变化已导致区域短历时暴雨的时空间分布和变化特征发生显著变化。同时，随着城市化进程的加快，城市汇水区域不透水面积比例增大，地表径流增大，按照原先暴雨强度公式设计的排水管道的承载力可能满足不了现代城市排水设计的要求。而城市经济类型的多元化及资产的高密集性对城市的综合承灾能力提出了更高的要求，科学、合理地规划设计城市排水系统是现代城市发展的迫切需求，准确的城市暴雨强度公式则是科学、合理地规划设计城市排水系统的基础，它给市政建设、水务及规划部门提供了科学的理论依据和准确的设计参数。因此，为应对气候变化和经济社会发展需求，及根据中华人民共和国国家规范《室外排水设计规范》（GB 50014—2006，2016版）的要求，编制与气候变化背景相适应的城市暴雨强度公式，是进一步提高城市防洪排涝能力和防灾减灾能力的重要举措。

4.1　暴雨强度公式编制

4.1.1　公式的定义及参数介绍

依据《室外排水设计规范》（GB 50014—2006，2016 版），暴雨强度公式的定义为：

$$q = \frac{167A_1 \times (1 + C \times \lg P)}{(t + b)^n} \tag{4.1-1}$$

式（4.1-1）中：q 为设计暴雨强度（单位：L/S/hm²）；t 为降雨历时（单位：min），取值范围为 $1 \sim 180$min；P 为重现期（单位：a），取值范围为 $2 \sim 100$ 年。重现期越长、历时越短，暴雨强度就越大，而 A_1、b、C、n 是与地方暴雨特性有关且需求解的参数：A_1 为雨力参数，即重现期为 1 年的 1min 设计降雨量（单位：mm）；C 为雨力变动参数；b 为降雨历时修正参数，即对暴雨强度公式两边求对数后能使曲线化成直线所加的一个时间参数（单位：min）；n 为暴雨衰减指数，与重现期有关。

4.1.2　雨强单位的转换

室外排水设计采用的雨水参数是以体积（容量）来表达，需将以毫米（mm）为单位的降雨强度，转换为以升（L）为单位的降雨体积（容量）。单位时间（min）单位面积（hm²）1mm 降雨量转换为容量（L）时，经过以下换算过程：

1mm＝0.001m

1hm²＝10000m²

1m³＝1000L

1hm²×0.001m＝10m³＝10000L

即单位时间（min）单位面积（hm²）的 1mm 降雨换算成容量为 10000L，单位时间为 1s 时，单位面积为 1hm² 的降雨容量为 10000/60≈167（L/S/hm²），则雨强 q（L/S/hm²）与雨强 i（mm/min）之间可以 $q \approx 167i$ 进行换算。

4.1.3　暴雨强度的频率和重现期的计算公式

暴雨强度重现期 P 是指相等或超过它的暴雨强度出现一次的平均时间，单位用年。对于年最大值法，其经验频率（P_m）及重现期（T_m）分别按照式（4.1-2）、式（4.1-3）计算；对于年多个样法，其经验频率（P_N）及重现期（T_N）分别按照式（4.1-4）、式（4.1-5）计算：

$$P_\text{m} = \frac{M}{N+1} \tag{4.1-2}$$

$$T_\text{m} = \frac{N+1}{M} \tag{4.1-3}$$

$$P_\text{N} = \frac{M}{N+1} \tag{4.1-4}$$

$$T_\text{N} = \frac{N+1}{kM} \tag{4.1-5}$$

式中：N 为样本总数（$N=$ 资料年限 $\times k$，k 为每年平均取样个数，对于年最大值法 $k=1$，对于年多个样法 $k=4$）。M 为样本的序号（样本按从大到小排序）。

4.1.4 曲线拟合及误差控制

从（4.1-1）式可以看出，暴雨强度公式为已知关系式的超定非线性方程，公式中有 A_1、C、b、n 四个参数，常规方法无法求解，参数估计方法的设计和减少估算误差非常重要。一般可运用最小二乘法、高斯牛顿法两种方法对式（4.1-1）进行参数估算。

根据国家标准《室外排水设计规范》（GB 50016—2006）（2016 版），"年最大值法"计算降雨重现期宜按 2 年、3 年、5 年、10 年、20 年、30 年、50 年、100 年等 8 个重现期计算。由于设计采用的重现期（100 年一遇）大于资料年限，故采用理论频率分布曲线进行调整，暴雨强度公式统计中，常用的理论频率曲线有指数分布曲线、耿贝尔分布曲线、皮尔逊－Ⅲ型分布曲线（即 P-Ⅲ型）、经验频率曲线等，选用何种分布曲线关键是看分布曲线对原始数据的拟合程度，误差越小、精度越高的分布越有代表性，拟合精度以绝对均方根误差和相对均方根误差作为判断标准。经验频率曲线由于精度不高，实际工作中一般较少采用，当精度要求较高时，国家规范推荐采用指数分布、耿贝尔分布和 P-Ⅲ型分布曲线。

根据《室外排水设计规范》（GB 50014—2006，2016 版）要求，采用"年最大值法"计算抽样误差和暴雨公式误差，应统计的重现期为 2~20 年，在一般降水强度的地方，平均绝对均方差不宜大于 0.05mm/min。在降水强度较大的地方，相对均方根误差不宜大于 5%。采用"年多个样法"计算抽样误差和暴雨公式误差，应统计的重现期为 0.25～10 年，其精度要求同"年最大值法"。

均方根误差：

$$\sigma = \sqrt{\frac{1}{N} \sum_{i=1}^{N} (x_i - x'_i)^2} \tag{4.1-6}$$

相对均方根误差：

$$f = \frac{\sigma}{\bar{x}} \tag{4.1-7}$$

式（4.1-6）、式（4.1-7）中，x，x' 分别为同一频率对应的实际值、拟合值（理论线型估算值），N 为计算抽样误差的样本个数。

选择满足精度要求的曲线分布型，根据该分布曲线确定的频率分布曲线，按照 3.2.3 的步骤计算出降水强度、降水历时、重现期三者的关系，即 i-t-P 三联表。i-t-P 三联表中的数据将作为暴雨强度公式参数估算的原始资料。

4.2　分　析　实　例

本节以长沙城市暴雨强度公式为例，采用长沙国家气象站分钟数据资料，根据《室外排水设计规范》（GB 50014—2006，2016 版）以及湖南省气候中心下发的《湖南省城市暴雨设计参数确定技术规范》地方标准的要求，采用"年最大值法"，编制长沙城市暴雨强度公式。

4.2.1　长沙站暴雨强度公式

基于长沙站 1980～2017 年 38 年降雨数据提取的各历时最大降雨数据，进行年最大值选样。利用"暴雨强度计算系统"，选用指数分布、耿贝尔分布以及 P-Ⅲ 型分布曲线对长沙站各历时最大年降雨量资料进行频率调整，运用最小二乘法、高斯牛顿法估算参数和推算长沙站暴雨强度公式。

表 4.2-1 为长沙站指数分布、耿贝尔分布以及 P-Ⅲ 型分布，最小二乘法拟合暴雨强度单一重现期公式拟合结果的误差（表中加粗部分表示通过精度检验，下同）。由该表可见，指数分布下 20 年重现期的相对均方差为 4.153％，100 年重现期的相对均方差为 2.861％，低于 5％，符合精度要求；耿贝尔分布下 20 年和 100 年重现期的平均绝对均方差分别为 0.034mm/min、0.048mm/min，低于 0.05mm/min，符合精度要求，20 年、50 年和 100 年重现期的相对均方差分别为 2.24％、3.469％、2.5％，低于 5％，符合精度要求；P-Ⅲ 型分布下重现期 2 年的重现期平均绝对均方差为 0.02mm/min，相对均方差为 2.244％，符合精度要求。各分布其

他重现期的拟合效果不好，不符合精度要求。总的来说基于年最大值选样，最小二乘法拟合的暴雨强度分公式拟合效果不好。

表 4.2-2 为长沙站指数分布、耿贝尔分布以及 P-Ⅲ型分布，最小二乘法拟合暴雨强度总公式拟合结果的误差。由该表可见，符合精度要求的很少，总体来说基于年最大值选样、最小二乘法参数求解的总公式拟合效果不好，不推荐使用。

表 4.2-3 为长沙站指数分布、耿贝尔分布以及 P-Ⅲ型分布，高斯牛顿方法拟合暴雨强度公式拟合结果的误差。由该表可见，指数分布下重现期 2～20 年的平均绝对均方差为 0.04mm/min，相对均方差为 3.373%，3～20 年重现期的绝对均方差均低于 0.05mm/min，3～100 年重现期的相对均方差在 5% 以下。耿贝尔分布下重现期 2～20 年的平均绝对均方差为 0.039mm/min，平均相对均方差为 3.291%，2～20 年重现期的绝对均方差均低于 0.05mm/min，3～100 年重现期的相对均方差在 5% 以下。P-Ⅲ型分布下各重现期拟合效果略差。

综合比较指数分布、耿贝尔分布以及 P-Ⅲ型分布曲线对样本资料进行频率调整后得到的曲线拟合误差，以及运用最小二乘法、高斯牛顿法分别对三种分布曲线得到的 i-t-P 三联表数据进行参数估算后得到的公式误差。针对长沙站 1980～2017 年共 38 年的降雨数据，相比之下，利用耿贝尔分布进行曲线拟合，然后再利用高斯牛顿方法进行参数估算，得到的理论频率曲线、长沙站暴雨强度总、分公式的绝对均方根误差、相对均方根误差更小一些。因此推荐使用基于年最大值法选样、耿贝尔分布曲线拟合、高斯牛顿方法估算参数推算长沙站暴雨强度公式。

下面给出长沙站基于耿贝尔分布、年最大值法选样、高斯牛顿方法估算的暴雨强度公式及 i-t-P 三联表（表 4.2-4、表 4.2-5）。

最小二乘法所求暴雨强度单一重现期公式误差一览表　　　　表 4.2-1

	T（年）	1	2	3	5	10	20	50	100	总的	2～20
指数分布	σ（mm）	0.895	0.079	0.202	0.194	0.266	0.065	0.140	0.059	0.351	0.179
	f（%）	139.456	9.249	20.548	16.994	19.584	**4.153**	7.512	**2.861**	26.706	15.113
耿贝尔分布	σ（mm）	0.400	0.047	0.105	0.105	0.079	**0.034**	0.061	**0.048**	0.157	0.079
	f（%）	59.910	5.201	10.266	8.954	5.825	**2.240**	**3.469**	**2.500**	12.205	6.661
P-分布	σ（mm）	0.538	**0.020**	0.152	0.212	0.557	0.246	0.225	0.106	0.314	0.296
	f（%）	81.688	**2.244**	15.324	18.369	42.116	16.679	13.496	5.904	25.228	25.371

最小二乘法所求暴雨强度总公式误差一览表　　　　表 4.2-2

	T（年）	1	2	3	5	10	20	50	100	总的	2～20
指数	σ（mm）	0.125	**0.032**	0.064	0.143	0.254	0.365	0.514	0.626	0.334	0.211
分布	f（%）	19.534	**3.717**	6.532	12.476	18.650	23.184	27.582	30.112	25.468	17.846
耿贝尔	σ（mm）	0.079	**0.025**	**0.034**	0.052	0.068	0.081	0.100	0.115	0.075	0.056
分布	f（%）	11.862	**2.781**	**3.279**	**4.416**	5.023	5.323	5.693	6.006	5.828	**4.681**
P-分布	σ（mm）	0.094	0.150	0.241	0.396	0.552	0.695	0.871	0.999	0.591	0.453
	f（%）	14.257	16.817	24.215	34.240	41.731	47.095	52.342	55.465	47.408	38.739

高斯牛顿法所求暴雨强度公式误差一览表　　　　表 4.2-3

	T（年）	1	2	3	5	10	20	50	100	总的	2～20
指数	σ（mm）	0.074	0.055	**0.044**	**0.033**	**0.027**	**0.035**	0.057	0.076	0.053	**0.040**
分布	f（%）	11.514	6.383	**4.507**	**2.905**	**1.957**	**2.198**	3.045	3.655	4.032	3.373
耿贝尔	σ（mm）	0.084	**0.047**	**0.042**	**0.039**	**0.033**	**0.033**	0.051	0.071	0.053	**0.039**
分布	f（%）	12.654	5.273	**4.068**	3.347	2.462	2.175	2.890	3.705	4.114	3.291
P-分布	σ（mm）	0.088	0.057	0.052	0.057	**0.048**	**0.039**	0.062	0.099	0.065	0.051
	f（%）	13.334	6.348	5.260	**4.930**	3.604	2.673	3.739	5.473	5.258	4.369

耿贝尔分布暴雨强度公式雨强、历时、重现期（i-t-P）（单位：mm/min）　　　　表 4.2-4

t＼P	5	10	15	20	30	45	60	90	120	150	180
1	1.437	1.121	0.969	0.861	0.690	0.560	0.491	0.383	0.319	0.274	0.239
2	1.800	1.481	1.307	1.170	0.989	0.789	0.675	0.517	0.432	0.373	0.331
3	2.005	1.684	1.497	1.345	1.158	0.919	0.778	0.592	0.496	0.429	0.383
5	2.233	1.910	1.709	1.539	1.346	1.064	0.894	0.676	0.567	0.491	0.440
10	2.519	2.195	1.976	1.783	1.582	1.245	1.039	0.782	0.656	0.569	0.513
20	2.794	2.467	2.232	2.018	1.809	1.419	1.178	0.883	0.741	0.644	0.582
50	3.150	2.821	2.563	2.321	2.102	1.645	1.358	1.014	0.852	0.741	0.672
100	3.417	3.085	2.811	2.548	2.322	1.813	1.493	1.112	0.935	0.814	0.740

耿贝尔分布暴雨强度公式雨强、历时、重现期（i-t-P）（单位：L/（s·hm²））　　　　表 4.2-5

t＼P	5	10	15	20	30	45	60	90	120	150	180
1	239.979	187.224	161.901	143.762	115.291	93.468	82.011	63.946	53.269	45.742	39.948
2	300.567	247.310	218.236	195.390	165.213	131.830	112.658	86.263	72.118	62.262	55.257
3	334.768	281.245	250.044	224.540	193.397	153.488	129.962	98.862	82.760	71.590	63.900

t \ P i	5	10	15	20	30	45	60	90	120	150	180
5	372.878	319.037	285.470	257.005	224.793	177.610	149.234	112.896	94.614	81.978	73.526
10	420.740	366.515	329.981	297.803	264.239	207.922	173.452	130.529	109.507	95.032	85.623
20	466.665	412.056	372.688	336.939	302.075	236.999	196.681	147.444	123.793	107.554	97.226
50	526.083	471.024	427.954	387.590	351.051	274.633	226.747	169.338	142.285	123.761	112.244
100	570.639	515.195	469.370	425.549	387.752	302.838	249.278	185.745	156.144	135.907	123.498

（1）长沙站基于耿贝尔分布、年最大值法选样、高斯牛顿方法推算的暴雨强度公式及公式参数：

① 总公式

$$i = \frac{34.529(1 + 0.83\lg P)}{(t + 30.259)^{0.912}} \ (\text{单位：mm/min})$$

$$q = \frac{5766.387(1 + 0.83\lg P)}{(t + 30.259)^{0.912}} \ (\text{单位：L/(s · hm}^2))$$

② 单一重现期公式

$$i = \frac{A}{(t + b)^n} \ (\text{单位：mm/min}) \ \text{或} \ q = \frac{167A}{(t + b)^n} \ (\text{单位：L/(s · hm}^2))$$

③ 公式参数表（表4.2-6）

长沙站暴雨强度单一重现期公式参数一览表
（基于耿贝尔分布、年最大值法选样、高斯牛顿方法进行参数估算） 表4.2-6

重现期 P（年）	公式（单位：L/(s · hm²))	重现期 P（年）	公式（单位：L/(s · hm²))
$P=2$	$7206.76/(t+30.259)^{0.912}$	$P=20$	$11991.577/(t+30.259)^{0.912}$
$P=3$	$8049.325/(t+30.259)^{0.912}$	$P=30$	$12834.142/(t+30.259)^{0.912}$
$P=5$	$9110.831/(t+30.259)^{0.912}$	$P=50$	$13895.648/(t+30.259)^{0.912}$
$P=10$	$10551.204/(t+30.259)^{0.912}$	$P=100$	$15336.021/(t+30.259)^{0.912}$

（2）长沙站基于耿贝尔分布、年最大值法选样、高斯牛顿方法推算的暴雨强度查算图（图4.2-1、图4.2-2）：

通过查看不同历时的暴雨强度图能够为长沙市暴雨的防灾减灾提供决策服务信息。

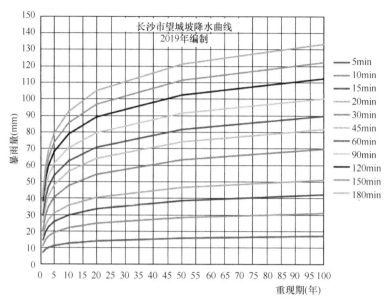

图 4.2-1　长沙站各重现期不同历时暴雨强度曲线

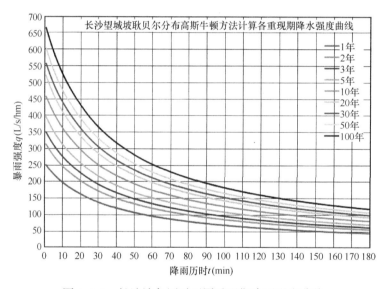

图 4.2-2　长沙站各历时不同重现期降雨强度曲线

4.2.2　暴雨强度公式适用范围简析

统计长沙市近 10 来年观测资料较齐全的 141 个区域自动站及长沙站及马坡岭两个国家气象站同时期的日降水量数据，统计时间段为 2010~2019 年，选取此 10 年内的最大日降水量、年最多暴雨日数作为危险性指标，分析暴雨强度公式的适用范围。

根据长沙市区域气象站的日降水量数据绘制的长沙市区域最大日降水量及年最多暴雨日数空间分布图（如图 4.2-3 及图 4.2-4）。通过分析图 4.2-3 可知，长沙市绝大部分地区最大日降水量为 100～200mm，仅仅西北、西南小部地区降雨量偏大，中心城区降雨偏小；分析图 4.2-4 发现，长沙绝大部分地区最多暴雨日数在 5～9 天之间，中心城区略偏小。因此基于长沙站计算的暴雨强度公式安全适用于长沙市绝大部分区域。

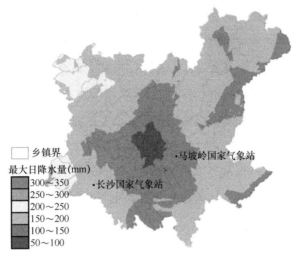

图 4.2-3   长沙市 2010～2019 年最大日降水量空间分布

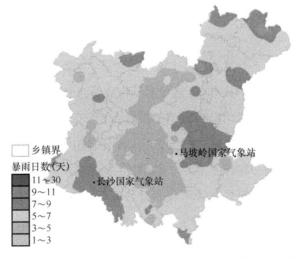

图 4.2-4   长沙市 2010～2019 年最多暴雨日数空间分布

第5章　设计暴雨雨型

雨型是描述降雨过程的概念，是指降雨强度在时间上的分配过程。设计雨型是指设计暴雨的降雨强度过程，它是大量实测暴雨雨型的综合，能够代表大多数暴雨雨型的平均情况。第4章中提到的在排水防涝综合规划中的雨水设计流量采用的数学模型用到的设计暴雨资料正是设计暴雨量（按城市暴雨强度公式计算）和设计暴雨过程（雨型），暴雨强度公式是对最强时段暴雨量规律的表达，却无法反映暴雨强度随时间的变化过程。而暴雨雨型的设计可以考虑同一降雨事件中降雨强度在不同时间和空间的分布情况，因而可以更加准确地反映地表径流的产生过程和径流流量，也便于与后续的管网水动力学模型衔接。雨型的推求同暴雨强度公式编制一样具有重要的实用价值。科学、合理暴雨雨型设计是提高城市防洪排涝能力及海绵城市建设的重要举措。

5.1　研　究　进　展

设计暴雨的时间分解，即设计雨量随时程的分布，设计暴雨雨型对整个城市排水管网设计及防洪防涝具有重要作用。国内外大量学者针对设计暴雨雨型研究做了大量研究工作。20世纪40年代，苏联包高马佐娃等人利用乌克兰等多地降水资料进行了深入分析，统计归纳出7种典型的设计雨型[33]，其中第1、2、3类为单峰雨型，雨峰分别在前、后和中部，第4类为大致分布均匀雨型，第5、6、7类为双峰雨型。随着计算机的计算性能提高，通过用不同时段雨量占总雨量的比例建立各雨型的模式矩阵，进而判断场次降水属于哪种雨型，即模式识别法[34]。芝加哥雨型[35]从各地区的暴雨强度公式导出，是在暴雨强度公式的基础上，统计综合雨峰位置系数，工程应用方便，也是我国《室外排水设计规范》（GB 50014—2006）推荐采用的方法之一。

设计暴雨雨型的时间分解方法多样，目前常用的方法可分为两类，分别为均匀法和非均匀法。均匀法是最简单且应用最为广泛的分解方法，但是基于此方法计算的设计雨量常常偏小，且不符合实际场次降水特征。非均匀法包括Hershfield法、

Huff 法、K.C 法、P.C 法和 Y.C 法等。其中 Hershfield 法[36] 是通过统计当地不同历时平均降水强度的时程分解。Huff 根据最大雨强发生在历时的第 1～第 4 等分段按时间分配成 4 类典型雨型[37]，并对每一类典型雨型做出各种不同频率的无因次时间分配过程。K.C 法[38] 通过引入雨峰系数来描述暴雨峰值时间位置，将降水历时分为峰前降水和峰后降水两部分，并采用不同公式计算暴雨强度。Pilgrim & Cordery 研究了一种无级序平均法推求设计雨型[39]，把雨峰时段放在出现可能性最大的位置上，而雨峰时段在总雨量中的比例取各场降雨雨峰所占比例的平均值，其他各时段的位置和比例用同样方法确定。Yen 和 Chow 建议一种确定设计暴雨雨型的方法[40]。基本原理是根据选定的设计暴雨雨型的特征值，配合三角型、抛物线型概化，从而确定设计暴雨的时程分配。

国内水利部门常采用同频率分析法推求设计暴雨雨型，即根据当地实测雨型，选定典型暴雨，以不同时段的同频率设计雨量控制，进行同倍比或同频率分时段控制缩放。所谓的典型暴雨一般是指所选择的暴雨总量大，强度也大，能够比较真实地反映设计地区情况，符合设计要求，暴雨的分配形式接近多年平均和常遇情况，并且对工程的安全比较不利的暴雨过程。这种方法难以避免设计人员的主观任意性的缺点，并且对于如何选择暴雨也没有方法可循，一旦典型暴雨选择得不恰当，误差会比较大，并且直接影响工程安全和投资。

王家祁[41] 提出了"短推长"和"长包短"两种雨型方法，这两种方法选择降雨场次多，可以在很大程度上避免传统的以选择典型暴雨进行频率放大作为设计雨型偶然性较大的不足。邓培德等[42] 等曾采用 Keifer 和 Chu 雨型进行调蓄池容积计算。

2014 年 5 月，中国气象局与住房和城乡建设部联合发布《城市暴雨强度公式编制和设计暴雨雨型确定技术导则》，对我国的短历时暴雨雨型的确定提供了参考依据，主要推荐的是芝加哥雨型。国内北京、上海、重庆、福建等地[43-45] 在暴雨雨型研究方面已开展了部分工作，取得了一定的成果。

5.2 基于水文特征的场次降雨间隔时间确定

海绵城市建设对城市排水提出了新的要求，由原来的快排直排模式改变为渗、滞、蓄、净、用、排模式，改变了城市水文特征。但是目前全国海绵城市规划设计仍然沿用管渠排水设计的 2h 降雨事件间隔时间（*IETD*）来划分降雨场次、推导暴雨强度公式和设计雨型，没有考虑海绵城市年径流控制率和非点源污染物削减所对应的降雨特征，与实际情况明显不符，对海绵城市的规划、设计和工程应用具有一定的局限性。

5.2.1　判别方法

降雨量、降雨强度、降雨历时等都是降雨事件的重要特征参数[46-47]，这些参数对于暴雨强度公式推导、设计暴雨构建、降雨模型参数估计、城市排水管网设计以及城市非点源污染负荷估算等方面不可或缺。而 $IETD$ 对上述降雨特征参数有显著影响[48]。从气象学的角度来说，$IETD$ 定义为两个降雨事件之间的最小时间间隔。目前划分 $IETD$ 主要有四种方法，如下。

（1）自相关系数判别

利用降雨脉冲的自相关系数来确定 $IETD$，当降雨脉冲的自相关系数收敛到零时的滞后时间定义为 $IETD$[49]。该方法基于独立的降雨脉冲数据进行统计，进而得到 $IETD$。

（2）降雨场次变化趋势判别

统计分析不同间隔的 $IETD$ 变量对应的年平均降雨场次的变化趋势来确定[49-51]。随着 $IETD$ 的增加，降雨事件的年平均数量减少，当 $IETD$ 增加时不会显著改变降雨事件数量时的 $IETD$ 值被确立为合适的 $IETD$，但是这种方法非常具有主观性，$IETD$ 与年平均降雨事件数量之间没有物理关系。

（3）变异系数判别

通过 $IETD$ 变量的变异系数来确定[52]，此方法中，假设 $IETD$ 的概率密度（PDF）服从指数分布，当其变异系数等于 1 时可确定 $IETD$ 值。

（4）多重分型分析判别

利用降雨数据进行多重分型分析来确定[53-55]，该方法是基于降雨尺度不变，利用多重分型和自组织临界理论进行分析得出 $IETD$ 值。

（5）基于水文特征的 $IETD$ 确定

降雨事件往往由数个降雨时段以及相邻降雨时段之间的无雨时间构成。考虑到海绵城市既具有渗、滞、蓄的功能，又具有管渠排水功能的特点，在定义降雨事件时间间隔时，既要考虑降雨的气象特征，又要考虑流域特征和应用对象，特别是需要考虑 LID 对径流的滞留和缓释及雨前干燥时段对污染物去除的影响，在设计时一般要求前期降雨所形成的径流对后期降雨所形成的径流量没有显著影响，即两次降雨的径流水位线不叠加，将降雨结束至径流结束的时间段确定为降雨事件时间间隔（图 5.2-1）较为合理。一般来说，较短的 *IETD* 适用于小流域的调蓄设施和城市的管渠排水，较长的 *IETD* 适用于大流域水资源管理和大江大河的防洪应急调度，而海绵城市的 *IETD* 则应该介于两者之间。

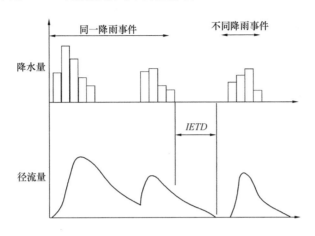

图 5.2-1　基于降雨和径流特征的 *IETD* 定义示意图

在市政排水规划和设计中，暴雨强度公式、设计降雨及雨型直接影响到排水系统的大小和投资，这些参数直接与 *IETD* 有关，而上述的 *IETD* 定义仅考虑气象特征，没有考虑流域水文特征和应用目的，因此，针对海绵城市对水文循环的影响，从城市流域的角度出发，对降雨特征最关键的因子 *IETD* 采用耦合气象特征和流域水文特征的方法，进行统计分析和水文模拟，将 *IETD* 定义为降雨结束到流域径流结束的时间。这个定义不仅考虑了城市流域的自然特征，也考虑了海绵城市的功能，因此适用于大多数城市。

5.2.2　城市水文模型原理

（1）城市水文模型框架与建模流程

大多数城市水文模型至少集成了水文和水动力两个模块。建立水文模型首先需要考虑城市下垫面的不同特征。通过这些不同特征将研究区域划分为不同的单元，每个单元有各自的水文参数，例如蒸发量、入渗量等。结合高程数据和不同水文单元的空间分布划分出汇水片区，然后连接排水系统。将水文计算结果作为水动力模块的边界条件。

（2）汇流建模及水动力学模拟

① 地表汇流过程建模

水文学方法和水动力学方法均可模拟地表汇流过程。水文学方法把汇水流域当作一个黑箱或灰箱系统，通过系统分析建立输入与输出的关系。而水动力学方法需要对连续性方程和动量方程联立求解。由于城市水文中下垫面情况非常复杂，一般很难概化成一维模型，所以通过水动力学方法往往需要求解二维浅水方程，计算成本较高。大多数城市水文模型的地表汇流过程采用的是水文学方法。

② 城市管网与河湖水系模拟

城市排水管网与水系之间通过检查井、泵站、交叉点、调蓄设施等进行连接，形成一个复杂的网络，但由于彼此的连接通道如管道、沟渠等可概化成一维结构，所以大多数城市水文模型的管网水系模拟采用的是水动力学方法。

5.2.3　基于气象和水文特征的 *IETD* 划分

首先，根据城市水文学模型模拟得出各降水时段对应的雨量-径流曲线。根据经验判断，小雨产生的径流值足够小，一般不会在城市中产生明显径流，可以以小雨产生的径流值作为径流结束的阈值。

其次，根据《降雨量等级》（GB/T 28592—2012），不同降水历时的小雨标准不同。选取 1~6h 小雨雨强与对应的径流峰值进行相关分析，得出某一历时的小雨雨强与径流峰值的相关性最好，以此历时的小雨雨强产生的径流值作为径流结束的雨量阈值。

最后，由于同一场降雨过程，各子汇水分区的径流曲线差异明显，特别是径流峰值相差很大，且径流量衰减速率也存在很大差别。因此，统计各子汇水区所有降水事件的 *IETD*，选取其中位数对应的 *IETD* 值作为汇水区的典型 *IETD* 值。

根据《降雨量等级》（GB/T 28592—2012），当降雨量小于 3mm 时为小雨量级，根据经验判断，小雨不会产生明显径流，径流值足够小，因此在本文中，各子汇水区以 3 小时降雨量为 3mm 产生的最小径流值，作为判断该汇水区径流结束的阈值。

5.2.4　案例分析

本节以长沙市为例，利用湖南省长沙市望城区国家地面气象观测站 1990~2017 年逐分钟雨量数据及来源于中国科学院计算机网络信息中心地理空间数据云平台的空间分辨率为 30m 的数字高程数据，选取具有代表性的水文模型－PC-SWMM 模型，详细介绍适用于长沙市区的 *IETD* 确定方法。

　（1）水文模型介绍

本节选择由加拿大水利工程中心的 PCSWMM 模型。PCSWMM 是在 EPA SWMM 的基础上二次开发的商业化软件，具有强大的水文水动力模块，可模拟与暴雨径流相关的水量和水质问题，能够计算降雨地表产流、地表汇流、管网水动力传输和水质传输，支持 1D/2D 模型耦合，还包含 LID 控制模块，能够模拟 LID 设施对降雨径流的减缓程度。地表汇流综合非线性水库方程和曼宁公式，联立求解；管网汇流采用一维圣维南方程组进行管网流量和水位演算。PCSWMM 内嵌 GIS 功能，支持多种格式数据，它对于数据的前后处理更加便利，结果可视化更加强大，功能更加多样化。PCSWMM 自 1984 年推出以来，广泛应用于污水管路和暴雨管理研究之中，为排水设计行业提供数据支撑，并且为内涝防治部门提供决策依据。

在众多的城市排水模型中之所以采用 PCSWMM 除了友好使用界面和 GIS 无缝对接的功能外，主要是 2D 的计算快于其他类似模型，对于本书来说，这是关键。

PCSWMM 模型参数主要包括产流参数和汇流参数，各参数的取值主要参考规范和手册。利用地面高程数据建立 PCSWMM 二维模型，因为缺乏管网资料，故将道路概化为排水通道，其中二维概化管道的曼宁系数与地表性质有关，鉴于城市的主干管网一般铺设于市政道路下，所以模型中由道路概化的二维管网的曼宁系数取市政管网的曼宁系数 0.014，比道路粗糙度略低，以此来将管网的快速排水功能考虑进来，从而使 *IETD* 的研究更具地方代表性。

（2）汇水区划分

选取湖南省长沙市雨花区和芙蓉区作为长沙市市区典型代表，其中雨花区位于长沙市区东南部，傍浏阳河下游之西，圭塘河穿境而过。东北侧为花岗岩低山丘陵地带，地表发育的土壤多为沙土，山势较陡峭，山脊多不相连；东侧和东南侧为红岩丘岗，海拔一般100m 左右。芙蓉区地势平缓，浏阳河从芙蓉区蜿蜒而过。基于 30m×30m 的高程 DEM 数据划分子汇水区，得到雨花区和芙蓉区共 19 个汇水分区，见图 5.2-2。

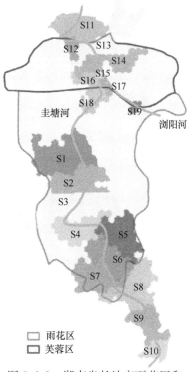

图 5.2-2 湖南省长沙市雨花区和芙蓉区内汇水分区分布

55

（3）径流峰值与雨强相关性分析

根据 *IETD* 定义，利用 PCSWMM 模型的降雨—径流关系来确定 *IETD* 值，首先需要确定径流结束的阈值。降雨量与径流峰值密切相关，通过模拟雨花区和芙蓉区共 19 个子汇水区的 1990～2017 年每 10min 的降雨-径流关系，分别统计分析归一化的 1～6h 雨强与径流峰值的相关性。

如图 5.2-3 所示，各时段归一化的雨强与对应的径流峰值呈很强的线性相关，相关系数均通过 0.01 置信度检验。从不同时段雨强与径流峰值的相关系数及拟合

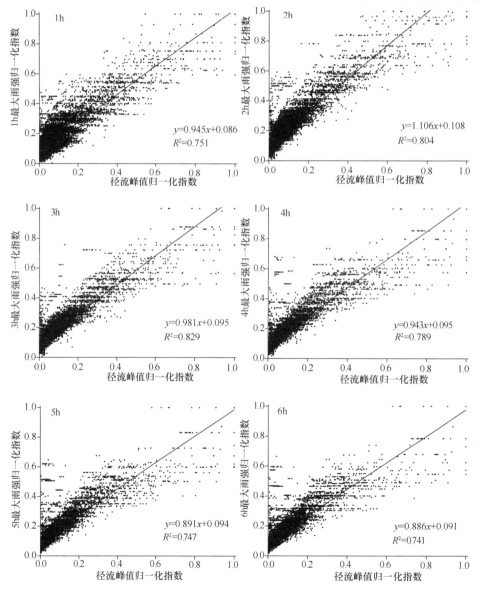

图 5.2-3　19 个子汇水区归一化的 1～6h 雨强与最大径流值的线性相关分析

曲线的斜率来看，3h雨强与径流峰值的相关性最好，且斜率最接近于1。因此选取3h雨强来分析径流结束的阈值。同一场降雨过程，各子汇水分区的径流曲线差异明显，特别是径流峰值相差很大，且径流量衰减速率也存在很大差别。因此，用同一径流流量值作为判断径流结束的阈值可能与实际差别较大。根据《降雨量等级》（GB/T 28592—2012），当降雨量小于3mm时为小雨量级，根据经验判断，小雨不会产生明显径流，径流值足够小，因此在本书中，各子汇水区以3h降雨量为3mm产生的最小径流值，作为判断该汇水区径流结束的阈值。

利用PCSWMM模型，分别对1990～2017年湖南省长沙市雨花区和芙蓉区共19个子汇水分区进行降雨-径流过程模拟，分析降雨结束至径流结束的时长，统计各汇水区的 *IETD* 频率分布。图5.2-4为19个子汇水区的 *IETD* 概率密度分布曲线。在计算累计概率时，*IETD* 从1h开始计算，且频率统计中的间隔也为1h，由于个别子汇水区的 *IETD* 分布范围较广，且当 *IETD*≥12h，其累计概率很小，因此本书中 *IETD* 为12h的累计概率表示 *IETD*≥12h的累计值。

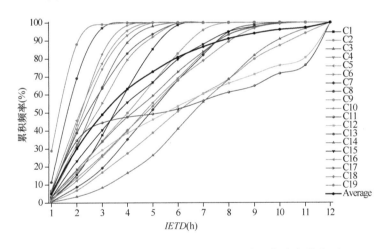

图5.2-4　19个子汇水区各 *IETD* 累计概率分布曲线图

从各子汇水区 *IETD* 累计概率分布曲线来看，*IETD* 在4h以内的区间，其累计概率增长曲率较大，说明此区间样本量增长幅度较大；当 *IETD* 大于4h，累计概率增长的速度显著变慢。当 *IETD*≤4h，共53%的子汇水区累计概率超过50%；当 *IETD*≤5h，共79%的子汇水区累计概率超过50%；当 *IETD*≤6h，共95%的子汇水区累计概率超过50%。根据19个子汇水区各 *IETD* 对应的累计概率取平均值，得到代表整个示范区的 *IETD* 累计概率分布曲线，当 *IETD*≤4h，累计概率增长速率较快，当 *IETD*＝4h，累计概率值为63%。随后累计概率增长较为缓慢，

当 *IETD*＝8h，累计概率值为 91％。说明子汇水区 *IETD* 的总样本量主要集中在 1～4h，*IETD* 大于 4h 的样本量较少。

中位数是以它在所有标志值中所处的位置确定的全体单位标志值的代表值，不受分布数列的极大或极小值影响，从而在一定程度上提高了中位数对分布数列的代表性。本研究以子汇水区的 *IETD* 中值作为该区域的典型 *IETD* 值。统计分析雨花区 C1～C10 的 *IETD* 中值分别为：230min、125min、320min、310min、190min、160min、180min、380min、270min、150min，芙蓉区 C11～C19 的 *IETD* 中值分别为：270min、150min、240min、420min、170min、310min、90min、350min、340min，详见表 5.2-1。

湖南省长沙市雨花区和芙蓉区 19 个子汇水分区特征参数表　　　表 5.2-1

汇水区代码	C1	C2	C3	C4	C5	C6	C7	C8	C9	C10	C11	C12	C13	C14	C15	C16	C17	C18	C19	综合
面积（ha）	1269	2259	2237	1164	851	823	1256	1288	585	235	659	373	1639	1232	461	504	87	694	351	17967
平均坡度（%）	5.7	6.4	6.0	4.2	7.0	7.1	7.1	6.0	8.7	24.4	4.1	2.6	4.5	4.5	2.5	2.7	2.5	2.4	2.1	5.8
IETD 中值（min）	230	125	320	310	190	160	180	380	270	150	270	150	240	420	170	310	90	350	340	230

雨花区和芙蓉区位于长沙市中心，其城市化进展能很好地代表长沙市的发展状况。因此，综合雨花区和芙蓉区 19 个子汇水区的 *IETD* 中值作为长沙市典型 *IETD*。图 5.2-5 为湖南省长沙市雨花区和芙蓉区 19 个子汇水区综合频率分布图，

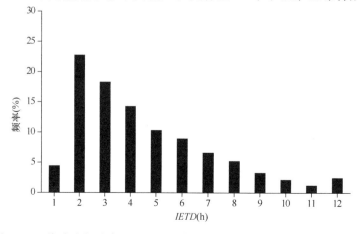

图 5.2-5　湖南省长沙市雨花区和芙蓉区 19 个子汇水区综合频率分布图

统计得出，*IETD* 频率分布为单峰型，峰值为 2h。*IETD* ≤4h 的累积频率为 60%；*IETD* ≤6h 的累积频率为 79%；*IETD* ≤10h 的累积频率为 96%。*IETD* 所有样本的中值为 230min≈4h，因此综合考虑，选取 *IETD* =4h 作为长沙市典型 *IETD*。

IETD 与集流时间密切相关，而在此模型中，汇流时间与汇水面积、汇水区不透水面积和坡度有关，汇水面积和不透水面积越大，集流时间越长；坡度越大，集流时间越短。利用模型计算得出的各子汇水区 *IETD* 值与对应的汇水面积、汇水区不透水面积和坡度进行相关分析，以便在实践中合理应用。

图 5.2-6 为各汇水面积与 *IETD* 的关系，*IETD* 与汇水面积呈正相关性，多项式拟合公式如下：

$$\ln(y) = -0.121 \times \ln(x)^2 + 1.812 \times \ln(x) - 1.183, R = 0.668 \quad (5.2-1)$$

其中，y 为 *IETD*，单位：小时（h）；x 为汇水面积，单位：公顷（ha）。

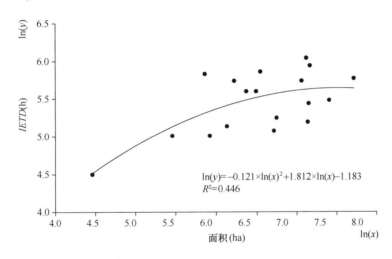

图 5.2-6　汇水面积与 *IETD* 关系式

图 5.2-7 为各汇水面积、汇水区不透水面积和坡度与 *IETD* 的多项式拟合公式如下：

$$\ln(y) = -0.465 \times [\ln(x_1) - 7.24]^2 + 0.445 \times [\ln(x_2) - 6.228]^2$$
$$-0.563 \times x_3 + 6.502, R = 0.745 \quad (5.2-2)$$

其中，y 为 *IETD*，单位：小时；x_1 为汇水面积，单位：公顷（ha）；x_2 为不透水面积，单位：公顷（ha）；x_3 为坡度，单位：%。

式（5.2-2）能较好地反映出汇水区参数与 *IETD* 的关系，可用于未测量过的城市排水设计。但是，分析的流域面积在 87~2237ha 之间，如果下垫面差异较大，如坡度、不透水面积等差别很大，或汇水面积超过模拟数据时，需要谨慎考虑

59

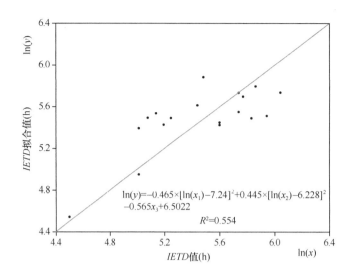

$$\ln(y)=-0.465\times[\ln(x_1)-7.24]^2+0.445\times[\ln(x_2)-6.228]^2$$
$$-0.565x_3+6.5022$$
$$R^2=0.554$$

图 5.2-7　汇水区参数与 $IETD$ 关系式

$IETD$ 的选取。图 5.2-6 显示当 $IETD$ 大于 5.5h 时，与汇水面积的关系不明显。

（4）$IETD$ 适用性分析

$IETD$ 是推导暴雨强度公式和设计雨型的关键参数，而目前全国海绵城市规划设计采用的暴雨强度公式和设计雨型都是按传统排水设计 2h 的 $IETD$ 来划分降雨场次，没有考虑海绵城市年径流控制率和非点源污染物削减所对应的降雨特征及对 LID 设施的影响，缺乏水文研究的支撑，与实际情况明显不符。为了探索 $IETD$ 对海绵城市规划设计的影响，本研究综合了降雨特征、流域特征及应用目标，采用统计分析与水文模型相结合的方法，推导出一种适合海绵城市规划设计的 $IETD$ 计算方法，并以长沙市为例，对 $IETD$=2h 与 $IETD$=4h 的设计雨型进行了比较。本研究发现长沙市雨花区和芙蓉区 19 个子汇水区的 $IETD$ 中位数为 4h，比传统选定的 2h 划分降雨事件更具有代表性。$IETD$ 的长短与汇水区面积显著相关，同时也受下垫面不透水比率、坡度等其他因素影响，但当 $IETD$ 大于 5.5h 后，$IETD$ 与汇水区面积的关系变化不太明显。

（5）基于水文特征的 $IETD$ 划分的降雨特征分析

基于水文水动力学模型得出的 4h 间隔时间降雨过程统计信息（间隔 4h 以上即视为过程间断）构建了长沙站 3～11 月、3～6 月、7～9 月的天然降雨事件矩阵，对所有天然降雨事件的开始时间、结束时间、降雨总量、降雨持续时间及间隔时间进行了统计分析。

① 降雨过程频次与降雨量分析

长沙站 3～11 月共出现 4594 次降雨事件，其中过程降雨量在 5mm 以上的过程有 1735 次，过程降雨量在 10mm 以上的有 1275 次，15mm 以上的有 945 次，20mm 以上的有 714 次，25mm 以上的有 575 次，30mm 以上的有 451 次，50mm 以上的有 200 次，最大过程降雨量为 362.80mm（2017 年 6 月 29 日 10 时 21 分至 2017 年 7 月 2 日 3 时 58 分，持续 3920min），见图 5.2-8。

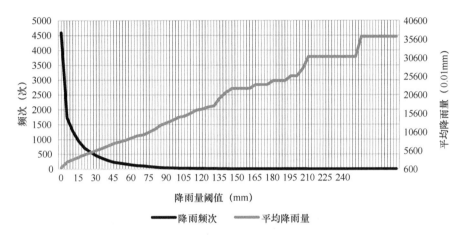

图 5.2-8　长沙站 3～11 月不同降雨量阈值降雨事件频次分布图

长沙站 3～6 月共出现 2567 次降雨事件，其中过程降雨量在 5mm 以上的过程有 1054 次，过程降雨量在 10mm 以上的有 800 次，15mm 以上的有 606 次，20mm 以上的有 455 次，25mm 以上的有 359 次，30mm 以上的有 276 次，50mm 以上的有 119 次，最大过程降雨量为 362.80mm（2017 年 6 月 29 日 10 时 21 分至 2017 年 7 月 2 日 3 时 58 分，持续 3920min），见图 5.2-9。

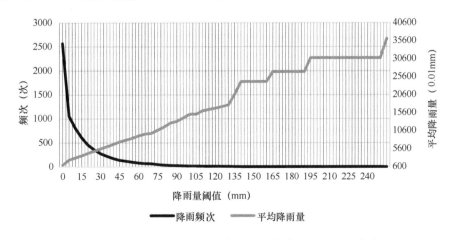

图 5.2-9　长沙站 3～6 月不同降雨量阈值降雨事件频次分布图

　　长沙站 7～9 月共出现 1233 次降雨事件，其中过程降雨量在 5mm 以上的过程有 431 次，过程降雨量在 10mm 以上的有 303 次，15mm 以上的有 219 次，20mm 以上的有 178 次，25mm 以上的有 148 次，30mm 以上的有 117 次，50mm 以上的有 58 次，最大过程降雨量为 209.80mm（2016 年 7 月 2 日 5 时 10 分至 2016 年 7 月 4 日 17 时 5 分，持续 3596min），见图 5.2-10。

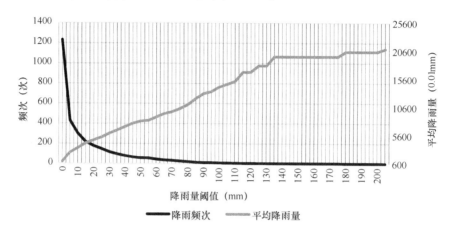

图 5.2-10　长沙站 7～9 月不同降雨量阈值降雨事件频次分布图

　　1980～2017 年长沙站年平均 3～11 月出现 120.9 次降雨事件，最大 158 次（1985 年），其中过程降雨量在 5mm 以上的过程有 45.7 次，最大 58 次（2015 年）；过程降雨量在 10mm 以上的有 33.5 次，最大 43 次（1999 年），15mm 以上的有 24.9 次，最大 34 次（1999 年），20mm 以上的有 18.8 次，最大 24 次（1981 年），25mm 以上的有 15.1 次，最大 21 次（1981 年），30mm 以上的有 11.9 次，最大 19 次（1981 年），50mm 以上的有 5.3 次，最大 11 次（1999 年），见图 5.2-11。

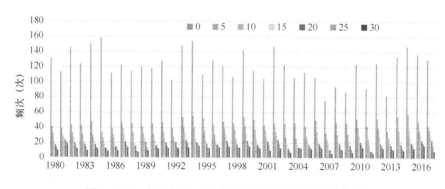

图 5.2-11　长沙站 3～11 月历年降雨事件频次分布图

　　1980～2017 年长沙站年平均 3～6 月出现 67.6 次降雨事件，最大 83 次（2002 年），其中过程降雨量在 5mm 以上的过程有 27.7 次，最大 36 次（1995 年）；过程降雨量在 10mm 以上的有 21.1 次，最大 26 次（1993 年），15mm 以上的有 15.9 次，最大 21 次（2012 年），20mm 以上的有 12.0 次，最大 18 次（1992 年），25mm 以上的有 9.4 次，最大 14 次（1981 年），30mm 以上的有 7.3 次，最大 12 次（1981 年），50mm 以上的有 3.1 次，最大 6 次（1990 年），见图 5.2-12。

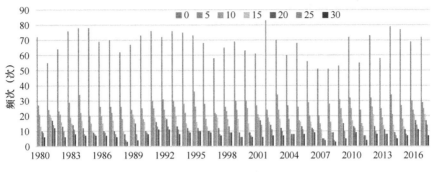

图 5.2-12　长沙站 3～6 月历年降雨事件频次分布图

1980～2017 年长沙站年平均 7～9 月出现 32.4 次降雨事件，最大 51 次（1984 年），其中过程降雨量在 5mm 以上的过程有 11.3 次，最大 20 次（1999 年）；过程降雨量在 10mm 以上的有 8.0 次，最大 17 次（1999 年），15mm 以上的有 5.8 次，最大 14 次（1999 年），20mm 以上的有 4.7 次，最大 13 次（1999 年），25mm 以上的有 3.9 次，最大 11 次（1999 年），30mm 以上的有 3.1 次，最大 8 次（1999 年），50mm 以上的有 1.5 次，最大 6 次（1999 年），见图 5.2-13。

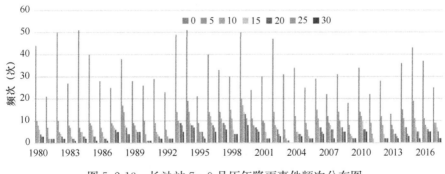

图 5.2-13　长沙站 7～9 月历年降雨事件频次分布图

② 过程开始时间与结束时间分析

开始时间：长沙站 3～11 月出现的降雨事件开始时间，19 时开始的最多，为 230 次，其次为 23 点开始的为 227 次，13 时开始的最少，为 142 次，9 时至 13 时为相对较少时段。见图 5.2-14。

长沙站 3～6 月出现的降雨事件开始时间，7 时开始的最多，为 132 次，其次为 23 点开始的为 130 次，上午 11 时开始的最少，为 84 次，9 时至 18 时为相对较少时段。见图 5.2-15。

长沙站 7～9 月出现的降雨事件开始时间，16 时和 19 时开始的最多，为 73 次，其次为 17 点开始的为 72 次，12 时开始的最少，为 30 次，14 时至 19 时为相对较多时段。见图 5.2-16。

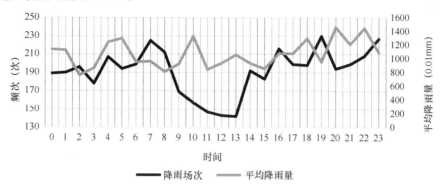

图 5.2-14　长沙站 3～11 月不同开始时间降雨事件频次分布图

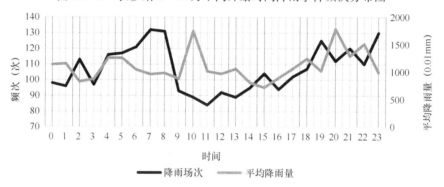

图 5.2-15　长沙站 3～6 月不同开始时间降雨事件频次分布图

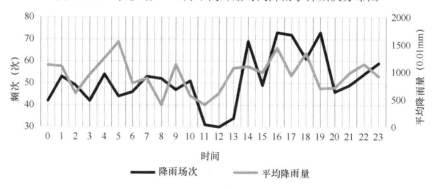

图 5.2-16　长沙站 7～9 月不同开始时间降雨事件频次分布图

长沙站 3～11 月出现的 30mm 以上的降雨事件开始时间，22 时开始的最多，为 35 次，其次为 21 时开始的为 28 次，11 时、12 时开始的最少，为 10 次，8 时至 15 时为相对较少时段。见图 5.2-17。

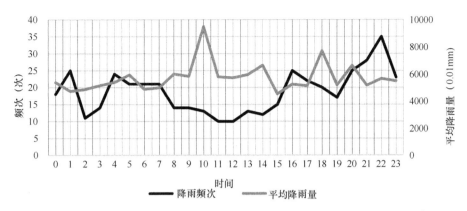

图 5.2-17 长沙站 3～11 月不同开始时间降雨事件频次（30mm 以上）分布图

长沙站 3～6 月出现的 30mm 以上的降雨事件开始时间，21 时、22 时时开始的最多，为 22 次，其次为 20 点开始的为 21 次，14 时开始的最少，为 5 次，9 时至 16 时为相对较少时段。见图 5.2-18。长沙站 7～9 月出现的 30mm 以上的降雨事件开始时间，16 时开始的最多，为 14 次，其次为 01 点开始的为 8 次，11 时、12 时开始的最少，为 1 次，10 时至 13 时为相对较少时段。见图 5.2-19。

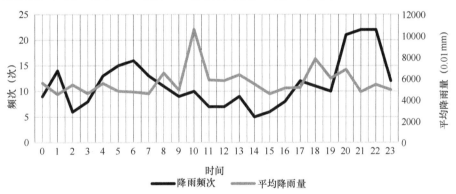

图 5.2-18 长沙站 3～6 月不同开始时间降雨事件频次（30mm 以上）分布图

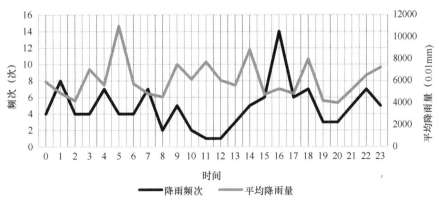

图 5.2-19 长沙站 7～9 月不同开始时间降雨事件频次（30mm 以上）分布图

结束时间：长沙站 3～11 月出现的降雨事件结束时间，18 时结束的最多，为
314 次，其次为 19 时结束的为 292 次，21 时结束的最少，为 135 次，20 时至次日
6 时为相对较少时段。见图 5.2-20。

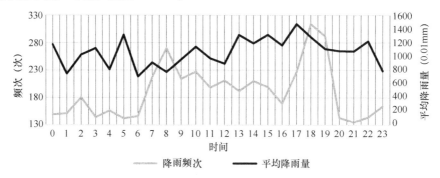

图 5.2-20　长沙站 3～11 月不同结束时间降雨事件频次分布图

长沙站 3～6 月出现的降雨事件结束时间，18 时结束的最多，为 164 次，其次
为 8 时开始的为 159 次，20 时结束的最少，为 73 次，20 时至次日 6 时为相对较少
时段。见图 5.2-21。

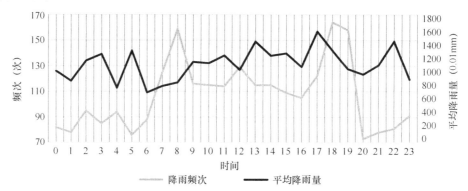

图 5.2-21　长沙站 3～6 月不同结束时间降雨事件频次分布图

长沙站 7～9 月出现的降雨事件结束时间，18 时结束的最多，为 104 次，其次
为 19 时结束的为 95 次，4 时结束的最少，为 30 次，21 时至次日 6 时为相对较少
时段。见图 5.2-22。

长沙站 3～11 月出现的 30mm 以上的降雨事件结束时间，18 时结束的最多，
为 42 次，其次为 19 时结束的为 32 次，次日 6 时结束的最少，为 8 次，20 时至次
日 9 时为相对较少时段。见图 5.2-23。

长沙站 3～6 月出现的 30mm 以上的降雨事件结束时间，18 时结束的最多，为
22 次，其次为 14 时结束的为 19 次，6 时结束的最少，为 4 次，0 时至 8 时为相对
较少时段。见图 5.2-24。

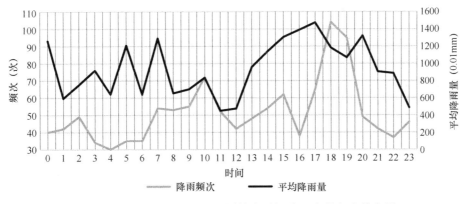

图 5.2-22　长沙站 7～9 月不同结束时间降雨事件频次分布图

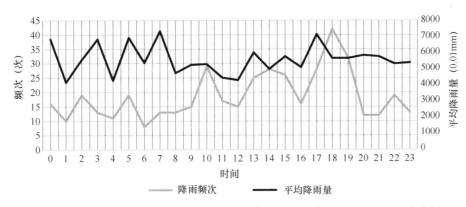

图 5.2-23　长沙站 3～11 月不同结束时间降雨事件频次（30mm 以上）分布图

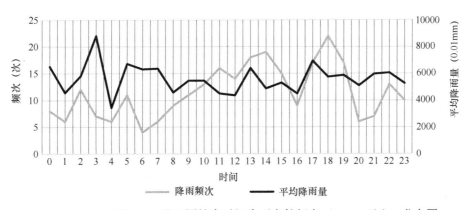

图 5.2-24　长沙站 3～6 月不同结束时间降雨事件频次（30mm 以上）分布图

　　长沙站 7～9 月出现的 30mm 以上的降雨事件结束时间，18 时结束的最多，为 15 次，其次为 10 时和 19 时结束的为 10 次，11 时、12 时结束的最少，夜间为相对较少时段。见图 5.2-25。

　　过程持续时间：长沙站 3～11 月降雨事件，最长持续时间为 6986min（1981 年 11 月 3 日 22 时 48 分至 1981 年 11 月 8 日 19 时 13 分—69.96mm）。持续时间在 1h

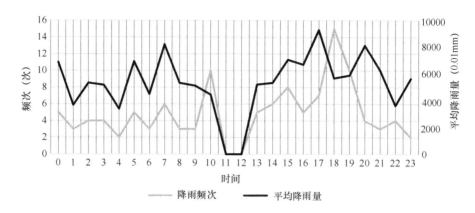

图 5.2-25　长沙站 7～9 月不同结束时间降雨事件频次（30mm 以上）分布图

的降雨事件最多，占 27.8%，降雨事件持续时间主要集中在 12h 以下，占 76.2%，超过 24h 的降雨事件占 8.5%。见图 5.2-26。

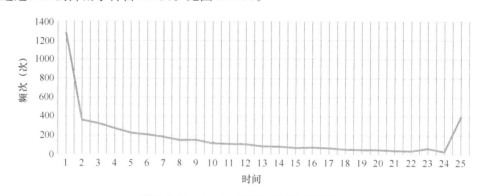

图 5.2-26　3～11 月不同持续时间频次

长沙站 3～6 月降雨事件，最长持续时间为 5879min（2012 年 5 月 22 日 11 时 13 分至 2012 年 5 月 26 日 13 时 11 分—134.20mm）。持续时间在 1h 的降雨事件最多，占 25.6%，降雨事件持续时间主要集中在 12h 以下，占 74.2%，超过 24h 的降雨事件占 9.2%。见图 5.2-27。

长沙站 7～9 月降雨事件，最长持续时间为 4838min（1993 年 7 月 2 日 9 时 11 分至 1993 年 7 月 5 日 17 时 48 分—178.79mm）。持续时间在 1h 的降雨事件最多，占 34.3%，降雨事件持续时间主要集中在 12h 以下，占 82.9%，超过 24h 的降雨事件占 5.9%。见图 5.2-28。

过程间隔时间：长沙站 3～11 月降雨事件，最长间隔时间为 54576min（2013 年 7 月 12 日 19 时 55 分至 2013 年 8 月 19 日 17 时 30 分）。间隔时间在 4～5h 的，占 12.3%，间隔时间在 12h 以下的为 45.8%，超过 24h 的降雨事件占 39.1%。见

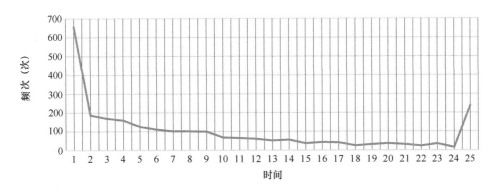

图 5.2-27 3~6 月不同持续时间频次

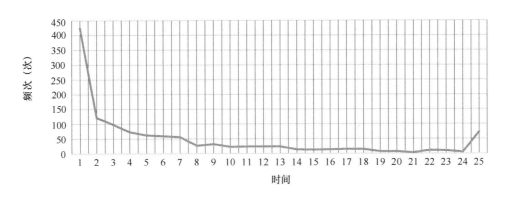

图 5.2-28 7~9 月不同持续时间频次

图 5.2-29。

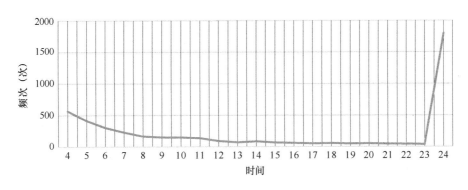

图 5.2-29 3~11 月不同间隔时间频次

长沙站 3~6 月降雨事件，最长间隔时间为 21697min（1985 年 6 月 13 日 19 时 21 分至 1985 年 6 月 28 日 20 时 57 分）。间隔时间在 4~5h 的，占 12.3%，间隔时间在 12h 以下的为 45.8%，超过 24h 的降雨事件占 37.1%。见图 5.2-30。

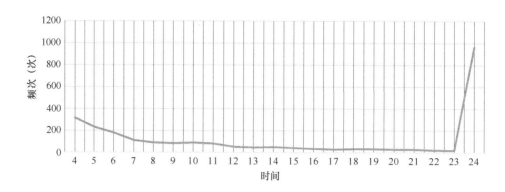

图 5.2-30 　3～6 月不同间隔时间频次

　　长沙站 7～9 月降雨事件，最长间隔时间为 54576min（2013 年 7 月 12 日 19 时 55 分至 2013 年 8 月 19 日 17 时 30 分）。间隔时间在 4～5h 的，占 11.0%，间隔时间在 12h 以下的为 42.7%，超过 24h 的降雨事件占 42.7%。见图 5.2-31。

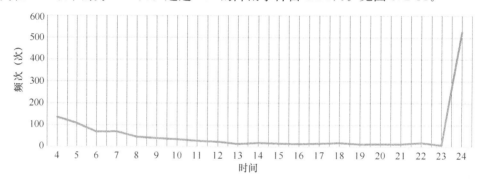

图 5.2-31 　7～9 月不同间隔时间频次

5.3 　P&C 法短历时暴雨雨型

5.3.1 　P&C 法原理

　　P&C 法将各场降雨按一定时间间隔（如 5min）进行划分，找到每场降雨的最大降雨量时段和雨量占比、第二大降雨量时段和雨量占比，以此类推。然后对最大降雨时段位置和雨量占比求平均值，作为在雨量过程线中的雨峰位置和雨量占比。其他各时段方法一样。

　　利用该方法对自然降雨过程分析时，由于选取的降雨历时不同，如果采用固定时长进行分段可能造成短历时降雨段数不足，长历时降雨段数过多的情况。常用解决方法是用 0 补足短历时降雨段数，截掉长历时降雨多余段数。但这种方法破坏掉了参与分析的降雨的完整性，同时也改变了这些降雨过程的结构。另一种方法是将参与某一历时降雨过程分析的降雨进行归一化处理，即将参与分析的降雨统一均匀的进行 n 等分。从而保证了每场降雨的结构完整性。

5.3.2 案例分析

本节以 P&C 法推求长沙市望城坡短历时暴雨雨型为典型案例进行分析。

针对自然降雨过程通过超定量法选取短历时暴雨雨型分析降雨样本，即在独立降雨场次中分别选取降雨历时接近 X min 的自然降雨，按照降雨量从大到小进行排序，选取降雨量大于对应历时降雨量阈值的所有降雨场次。为了能够获得更多的降雨场次，降雨时长选取按照降雨历时＋（－）15min 确定；降雨量阈值基于各历时的自然降雨过程历史经验值进行界定。具体信息见表 5.3-1。

降雨时长、降雨量阈值界定（自然降雨过程）　　　　　　　　表 5.3-1

降雨历时（min）	降雨时长参考区间（min）	降雨量阈值指标（mm）
60	45～75	10
120	105～135	12
180	165～195	14

针对最大历时过程通过超定量法选取短历时暴雨雨型分析降雨样本，即在所有独立降雨场次中，截取其连续 X min 降雨过程，挑选该 X min 雨量大于对应历时降雨量阈值的所有降雨场次。本节针对最大历时过程的降雨量阈值基于计算的暴雨强度公式 2 年一遇重现期各降水历时下的降雨量和历史经验值进行界定。具体信息见表 5.3-2。

降雨量阈值界定（最大历时过程）　　　　　　　表 5.3-2

降雨历时（min）	降雨量阈值指标（mm）	降雨历时（min）	降雨量阈值指标（mm）	降雨历时（min）	降雨量阈值指标（mm）
60	40	120	50	180	60

（1）自然降水过程推算结果

根据上面介绍的 P&C 法原理对自然降雨过程短历时暴雨雨型分析降雨样本采用归一化处理方法，求级序、定比例，在级序最小的位置上放置峰值，即可得到针对自然降水过程历时 60、120、180min 的雨型分配比例，分段时长为 5min，其中长沙市望城坡站各历时设计暴雨雨型各时段比例见表 5.3-3～表 5.3-5。级序为 1 表示雨型峰值位置，表中加粗显示。

60min 设计暴雨雨型各时段级序比例（%）表（自然降雨过程）　　表 5.3-3

时段	1	2	3	4	5	6	7	8	9	10	11	12
级序	7	1	2	4	3	5	6	8	9	10	11	12
比例	6.02	**17.7**	17.24	14.38	14.45	8.02	7.07	5.09	4.32	2.48	1.42	1.12

120min 设计暴雨雨型各时段级序比例（%）表（自然降雨过程）　　表 5.3-4

时段	1	2	3	4	5	6	7	8	9	10	11	12
级序	10	4	2	6	5	1	3	7	8	9	14	15
比例	5.22	7.71	8.42	6.43	7.53	**9.06**	8.25	5.77	5.51	5.51	2.85	2.77
时段	13	14	15	16	17	18	19	20	21	22	23	24
级序	13	12	11	19	18	16	17	20	21	22	23	24
比例	3.02	3.85	4.48	1.85	2.04	2.41	2.41	1.24	1.17	0.62	0.59	0.07

180min 设计暴雨雨型各时段级序比例（%）表（自然降雨过程）　　表 5.3-5

时段	1	2	3	4	5	6	7	8	9	10	11	12
级序	6	2	3	1	5	8	17	16	13	19	12	11
比例	4.96	10.52	7.83	**11.38**	5.06	4.76	2.13	2.22	2.57	1.91	3.44	3.65
时段	13	14	15	16	17	18	19	20	21	22	23	24
级序	14	15	7	9	4	10	17	20	21	22	24	26
比例	2.57	2.37	4.91	3.73	5.19	3.67	2.13	1.78	1.72	1.5	1.23	1.03
时段	25	26	27	28	29	30	31	32	33	34	35	36
级序	23	27	25	29	28	30	31	33	32	35	34	36
比例	1.5	0.95	1.1	0.56	0.71	0.39	0.35	0.2	0.25	0.07	0.13	0

利用 P＆C 法针对自然降雨过程推求长沙市望城坡各降雨历时设计暴雨雨型各时段分配比例表可以发现，历时 60、120、180min 的设计暴雨雨型为典型的单峰型，60min 雨峰位置最靠后，120min 雨峰位置最靠前，且历时 60～180min 的雨峰位置都基本处于整个降雨过程的前 1/2 分位。

（2）最大历时过程

根据上面介绍的 P＆C 法原理对最大历时过程短历时暴雨雨型分析降雨样本采用归一化处理方法，求级序、定比例，在级序最小的位置上放置峰值，即可得到针对最大历时过程历时 60、120、180min 的雨型分配比例，其中长沙市望城坡站各历时设计暴雨雨型各时段比例见表 5.3-6～表 5.3-8。级序为 1 表示雨型峰值位置，表中加粗显示。

60min 设计暴雨雨型各时段级序比例（%）表（最大历时过程） 表 5.3-6

时段	1	2	3	4	5	6	7	8	9	10	11	12
级序	11	6	3	1	2	5	4	9	10	8	7	12
比例	6.57	7.77	10.15	**10.78**	10.63	9.11	9.83	6.95	6.94	7.01	7.43	5.27

120min 设计暴雨雨型各时段级序比例（%）表（最大历时过程） 表 5.3-7

时段	1	2	3	4	5	6	7	8	9	10	11	12
级序	23	16	7	10	6	8	4	18	12	11	3	2
比例	2.93	3.62	4.75	4.12	4.95	4.45	5.27	3.42	3.91	3.94	5.77	5.78
时段 (5min)	13	14	15	16	17	18	19	20	21	22	23	24
级序	1	5	17	15	14	19	21	12	9	20	22	24
比例	**6.23**	5.26	3.55	3.66	3.83	3.35	3.07	3.91	4.18	3.19	3	1.77

180min 设计暴雨雨型各时段级序比例（%）表（最大历时过程） 表 5.3-8

时段	1	2	3	4	5	6	7	8	9	10	11	12
级序	8	1	3	7	6	14	2	9	5	4	11	15
比例	3.55	**4.97**	4.58	3.68	3.92	2.93	4.89	3.47	4.27	4.3	3.17	2.71
时段	13	14	15	16	17	18	19	20	21	22	23	24
级序	27	29	24	13	26	30	25	19	18	16	12	10
比例	2.02	1.91	2.33	3.02	2.02	1.5	2.12	2.48	2.5	2.66	3.03	3.29
时段	25	26	27	28	29	30	31	32	33	34	35	36
级序	20	17	23	22	21	28	31	32	34	33	35	36
比例	2.43	2.63	2.38	2.38	2.41	1.94	1.32	1.28	1.19	1.19	1.06	1.03

利用 P＆C 法针对最大历时过程推求长沙市望城坡各降雨历时设计暴雨雨型各时段分配比例图可以发现，历时 60、120min 的设计暴雨雨型为典型的单峰型，180min 的设计暴雨雨型出现多峰值，且历时 60～180min 的雨峰位置都基本处于整个降雨过程的前 1/2 分位。在确定各时段暴雨量分配比例之后，只要给定相应重现期下各降雨历时的降雨量，就可以根据表 5.3-6～表 5.3-8 的各时段分配比例进行降雨时程分配，从而得到降雨过程线。

由于针对"自然降雨过程"和"最大历时过程"两种选样方法的原理不同，所以得出的 P＆C 法推求长沙市区短历时设计暴雨雨型也有所区别。在雨量分配比例上，基本上各自然降雨过程的雨峰时段降雨量占总雨量的比例较最大历时过程的雨峰占总雨量的比例更突出。这主要是因为：自然降雨过程满足一定的重现期标准，而短历时降雨多为对流性降水，降雨的生命周期短，降雨集中且雨强较大，因此降雨的峰值及衰减更加明显。而达到一定重现期标准的降雨过程中的最大历时降雨，降雨过程并不是实际一次从"开始-达到峰值-结束"的完整降雨过程，因此短历时的降雨过程中雨峰峰值占总降雨量的比例并不突出。但是两种方法得到的结果也有共同之处，就是各短历时雨型基本呈单峰型，且雨峰位置基本都处于整个降雨历时的前部。

5.4　芝加哥法短历时暴雨雨型

5.4.1　芝加哥法原理

芝加哥雨型是以暴雨强度公式为基础的设计雨型，在设计暴雨雨型方面应用非常广泛，主要有以下两个步骤。

（1）综合雨峰位置系数确定

根据历年气象台站逐分钟雨量资料，选取每年各个历时（30min、60min、90min、120min、150min、180min）雨量最大的一场降雨，并且保证每场降雨是独立的。最后在进行分段时，采用每隔 5min 的方式，确定雨峰位置系数，计算公式如下：

$$r = t_1 / T_1 \tag{5.4-1}$$

式中，r 为雨峰位置系数，t_1 为降雨峰值时刻，T_1 为降雨总历时。

计算出所有历时相同的雨量样本的雨峰位置系数后，取算术平均值，再将不同历时降雨的平均雨峰位置系数进行加权平均，计算出综合雨峰位置系数，介于 0～1 之间。

（2）雨型过程曲线确定

芝加哥雨型以统计的暴雨强度公式为基础设计典型降雨过程。通过引入雨峰位置系数 r 来描述暴雨峰值发生的时刻，将降雨历时时间序列分为峰前和峰后两个部分。

令峰前的瞬时强度为 $i(t_b)$，相应的历时为 t_b，峰后的瞬时强度为 $i(t_a)$，相应历时为 t_a。取一定重现期下暴雨强度公式形式为：$i = \dfrac{A}{(t+b)^n}$，雨峰前后瞬时降雨强度可由下式计算：

$$i(t_{\mathrm{b}}) = \frac{A\left[\dfrac{(1-n)t_{\mathrm{b}}}{r} + b\right]}{\left[\dfrac{t_{\mathrm{b}}}{r} + b\right]^{n+1}} \qquad (5.4\text{-}2)$$

$$i(t_{\mathrm{a}}) = \frac{A\left[\dfrac{(1-n)t_{\mathrm{a}}}{1-r} + b\right]}{\left[\dfrac{t_{\mathrm{a}}}{1-r} + b\right]^{n+1}} \qquad (5.4\text{-}3)$$

式中，A、b、n 为一定重现期下暴雨强度公式中的参数，r 为综合雨峰位置系数，是根据每场降雨不同历时峰值时刻与整个历时的比值而加权平均确定的，r 位于 0~1 之间。在求出综合雨峰位置系数 r 之后，可利用式（5.4-2）、式（5.4-3）计算芝加哥合成暴雨过程线各时段（以 5min 计）的累积降雨量及各时段的平均降雨量，进而得到每个时段内的平均降雨强度，最终确定出对应一定重现期及降雨历时的芝加哥雨型。

5.4.2 案例分析

本节以芝加哥法推求长沙市望城坡短历时暴雨雨型为典型案例进行分析。

（1）综合雨峰位置确定

推求短历时暴雨雨型，首先要确定雨峰所在位置。通常，雨峰位置系数 r 值是根据每场降雨峰值时刻与整个历时的比值而统计确定的。对历时相同的暴雨过程求出雨峰位置系数 r 的平均值，将各历时的雨峰位置系数按照各历时的长度进行加权平均，得到综合雨峰位置。根据上述确定综合雨峰位置的方法，可以求出长沙市望城坡各历时的雨峰位置系数及综合雨峰位置系数 r 值，详见表 5.4-1，长沙市望城坡站综合雨峰位置系数为 0.26。

望城坡站综合雨峰位置系数 r 确立　　　　　　　　表 5.4-1

降雨历时（min）	各降雨历时雨峰位置系数	综合雨峰位置系数 r
30	0.319	
60	0.225	
90	0.322	
120	0.285	0.26
150	0.207	
180	0.204	

（2）雨型分配结果

利用上文计算的长沙市望城坡的暴雨强度公式参数，通过积分计算芝加哥合成暴雨过程线各时段（以 5min 计）的累计降雨量及各时段的平均降雨量，进而得到每个时段内的平均降雨强度，最终确定出重现期 2、3、5、10、20a 历时 60、120、180min 的芝加哥雨型。计算结果如表 5.4-2～表 5.4-4 和图 5.4-1～图 5.4-6 所示。

望城坡站各重现期下历时 **60min** 暴雨过程的累积雨量和各时段平均强度　　　　表 5.4-2

历时 (min)	2a		3a		5a		10a		20a	
	累计雨量	平均强度	累计雨量	平均强度	累计雨量	平均强度	累计雨量	平均强度	累计雨量	平均强度
5	1.785	0.357	1.995	0.399	2.255	0.451	2.615	0.523	2.970	0.594
10	4.715	0.586	5.265	0.654	5.960	0.741	6.905	0.858	7.840	0.974
15	10.735	1.204	11.990	1.345	13.570	1.522	15.720	1.763	17.860	2.004
20	18.800	1.613	21.000	1.802	23.770	2.040	27.530	2.362	31.285	2.685
25	24.575	1.155	27.445	1.289	31.070	1.460	35.985	1.691	40.890	1.921
30	28.940	0.873	32.320	0.975	36.590	1.104	42.375	1.278	48.155	1.453
35	32.375	0.687	36.160	0.768	40.935	0.869	47.405	1.006	53.875	1.144
40	35.165	0.558	39.275	0.623	44.460	0.705	51.490	0.817	58.515	0.928
45	37.485	0.464	41.865	0.518	47.390	0.586	54.885	0.679	62.375	0.772
50	39.450	0.393	44.060	0.439	49.875	0.497	57.760	0.575	65.645	0.654
55	41.140	0.338	45.950	0.378	52.010	0.427	60.235	0.495	68.460	0.563
60	42.615	0.295	47.600	0.330	53.875	0.373	62.395	0.432	70.915	0.491

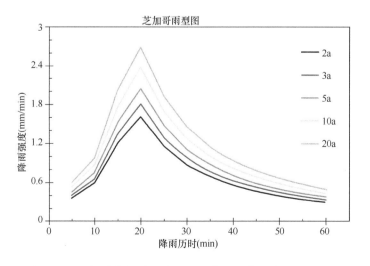

图 5.4-1　长沙市望城坡站 60min 各重现期芝加哥雨型图

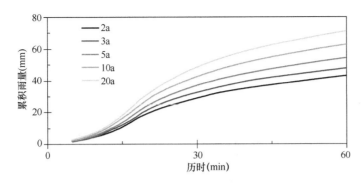

图 5.4-2 长沙市望城坡站 60min 各重现期降雨累积量过程线

望城坡站各重现期下历时 120min 暴雨过程的累积雨量和各时段平均强度 表 5.4-3

历时 (min)	2a		3a		5a		10a		20a	
	累计雨量	平均强度	累计雨量	平均强度	累计雨量	平均强度	累计雨量	平均强度	累计雨量	平均强度
5	0.690	0.138	0.770	0.154	0.875	0.175	1.010	0.202	1.150	0.230
10	1.570	0.176	1.755	0.197	1.990	0.223	2.300	0.258	2.615	0.293
15	2.750	0.236	3.075	0.264	3.485	0.299	4.030	0.346	4.580	0.393
20	4.450	0.340	4.970	0.379	5.635	0.430	6.520	0.498	7.405	0.565
25	7.185	0.547	8.025	0.611	9.095	0.692	10.525	0.801	11.955	0.910
30	12.605	1.084	14.080	1.211	15.945	1.370	18.460	1.587	20.970	1.803
35	20.925	1.664	23.370	1.858	26.465	2.104	30.640	2.436	34.815	2.769
40	26.915	1.198	30.060	1.338	34.035	1.514	39.410	1.754	44.780	1.993
45	31.420	0.901	35.090	1.006	39.730	1.139	46.005	1.319	52.275	1.499
50	34.950	0.706	39.035	0.789	44.195	0.893	51.175	1.034	58.150	1.175
55	37.805	0.571	42.225	0.638	47.805	0.722	55.355	0.836	62.900	0.950
60	40.175	0.474	44.870	0.529	50.800	0.599	58.820	0.693	66.840	0.788
65	42.175	0.400	47.105	0.447	53.330	0.506	61.750	0.586	70.170	0.666
70	43.895	0.344	49.025	0.384	55.505	0.435	64.270	0.504	73.035	0.573
75	45.395	0.300	50.700	0.335	57.400	0.379	66.465	0.439	75.525	0.498
80	46.715	0.264	52.175	0.295	59.070	0.334	68.400	0.387	77.720	0.439
85	47.890	0.235	53.485	0.262	60.555	0.297	70.120	0.344	79.675	0.391
90	48.945	0.211	54.660	0.235	61.885	0.266	71.660	0.308	81.425	0.350
95	49.895	0.190	55.720	0.212	63.085	0.240	73.055	0.279	83.010	0.317
100	50.760	0.173	56.685	0.193	64.180	0.219	74.320	0.253	84.450	0.288
105	51.550	0.158	57.570	0.177	65.180	0.200	75.480	0.232	85.770	0.264
110	52.280	0.146	58.385	0.163	66.100	0.184	76.545	0.213	86.980	0.242
115	52.955	0.135	59.135	0.150	66.950	0.170	77.530	0.197	88.100	0.224
120	53.580	0.125	59.830	0.139	67.740	0.158	78.445	0.183	89.140	0.208
最大 1h 雨量	42.645		47.625		53.915		62.435		70.945	

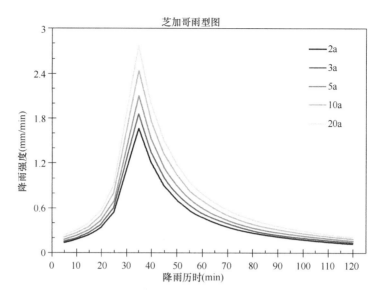

图 5.4-3 长沙市望城坡站 120min 各重现期芝加哥雨型图

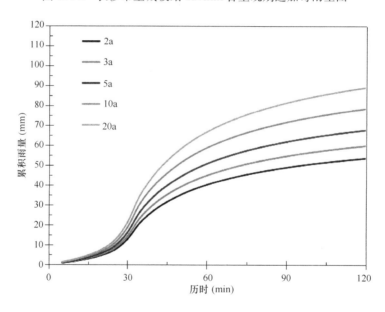

图 5.4-4 长沙市望城坡站 120min 各重现期降雨累积量过程线

望城坡各重现期下历时 180min 暴雨过程的累积雨量和各时段平均强度   表 5.4-4

| 历时 | 2a | | 3a | | 5a | | 10a | | 20a | |
(min)	累计雨量	平均强度	累计雨量	平均强度	累计雨量	平均强度	累计雨量	平均强度	累计雨量	平均强度
5	0.390	0.078	0.440	0.088	0.495	0.099	0.575	0.115	0.655	0.131
10	0.850	0.092	0.955	0.103	1.075	0.116	1.250	0.135	1.420	0.153

续表

历时 (min)	2a		3a		5a		10a		20a	
	累计雨量	平均强度	累计雨量	平均强度	累计雨量	平均强度	累计雨量	平均强度	累计雨量	平均强度
15	1.400	0.110	1.570	0.123	1.770	0.139	2.055	0.161	2.335	0.183
20	2.075	0.135	2.325	0.151	2.620	0.170	3.040	0.197	3.455	0.224
25	2.930	0.171	3.280	0.191	3.700	0.216	4.290	0.250	4.875	0.284
30	4.065	0.227	4.550	0.254	5.135	0.287	5.955	0.333	6.765	0.378
35	5.685	0.324	6.355	0.361	7.180	0.409	8.325	0.474	9.460	0.539
40	8.250	0.513	9.215	0.572	10.420	0.648	12.075	0.750	13.725	0.853
45	13.160	0.982	14.695	1.096	16.625	1.241	19.260	1.437	21.890	1.633
50	21.550	1.678	24.070	1.875	27.235	2.122	31.550	2.458	35.855	2.793
55	27.770	1.244	31.015	1.389	35.100	1.573	40.655	1.821	46.205	2.070
60	32.420	0.930	36.210	1.039	40.980	1.176	47.460	1.361	53.940	1.547
65	36.050	0.726	40.265	0.811	45.565	0.917	52.775	1.063	59.980	1.208
70	38.975	0.585	43.535	0.654	49.265	0.740	57.060	0.857	64.850	0.974
75	41.395	0.484	46.235	0.540	52.325	0.612	60.600	0.708	68.875	0.805
80	43.435	0.408	48.515	0.456	54.905	0.516	63.590	0.598	72.270	0.679
85	45.185	0.350	50.470	0.391	57.115	0.442	66.150	0.512	75.180	0.582
90	46.705	0.304	52.170	0.340	59.040	0.385	68.380	0.446	77.715	0.507
95	48.045	0.268	53.665	0.299	60.735	0.339	70.340	0.392	79.940	0.445
100	49.235	0.238	54.995	0.266	62.240	0.301	72.080	0.348	81.920	0.396
105	50.300	0.213	56.185	0.238	63.585	0.269	73.640	0.312	83.695	0.355
110	51.260	0.192	57.260	0.215	64.800	0.243	75.050	0.282	85.295	0.320
115	52.135	0.175	58.235	0.195	65.905	0.221	76.330	0.256	86.750	0.291
120	52.935	0.160	59.130	0.179	66.915	0.202	77.500	0.234	88.080	0.266
125	53.670	0.147	59.950	0.164	67.845	0.186	78.575	0.215	89.305	0.245
130	54.350	0.136	60.710	0.152	68.705	0.172	79.570	0.199	90.435	0.226
135	54.980	0.126	61.415	0.141	69.500	0.159	80.490	0.184	91.485	0.210
140	55.565	0.117	62.070	0.131	70.240	0.148	81.350	0.172	92.460	0.195
145	56.115	0.110	62.680	0.122	70.930	0.138	82.150	0.160	93.370	0.182
150	56.630	0.103	63.255	0.115	71.580	0.130	82.900	0.150	94.225	0.171
155	57.115	0.097	63.795	0.108	72.190	0.122	83.605	0.141	95.030	0.161
160	57.570	0.091	64.305	0.102	72.765	0.115	84.270	0.133	95.785	0.151
165	58.000	0.086	64.785	0.096	73.310	0.109	84.900	0.126	96.500	0.143
170	58.405	0.081	65.240	0.091	73.825	0.103	85.495	0.119	97.175	0.135
175	58.790	0.077	65.670	0.086	74.315	0.098	86.060	0.113	97.820	0.129
180	59.155	0.073	66.080	0.082	74.780	0.093	86.600	0.108	98.430	0.122
最大1h雨量	42.640		47.620		53.905		62.425		70.950	

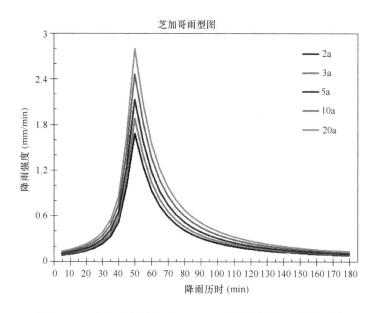

图 5.4-5　长沙市望城坡站 180min 各重现期芝加哥雨型图

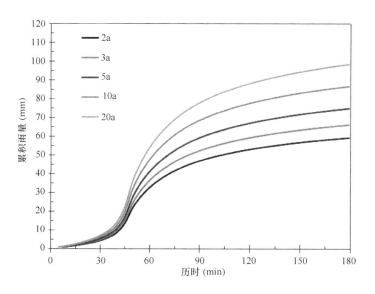

图 5.4-6　长沙市望城坡站 180min 各重现期降雨累积量过程线

5.5　同频率法长历时暴雨雨型

5.5.1　同频率法原理

　　　同频率法，亦称"长包短"法，以出现次数最多的情况（即众值）确定时间序位，以平均情况（即均值）来定义各时段雨量比例。以推求降雨历时为 1440min，时间步长为 5min 的设计暴雨雨型为例，具体推求步骤可概括为：首先需要确定峰值位置和 5min 放大值；峰值位置采用所取样本峰值的平均位置，5min 的放大值为所取样本 5min 最大值的平均值，其余时段按比例分配；120min 历时将 60min 雨型根据峰值位置对齐放入，其余时段按比例分配，其他时段依次类推，最终得到 1440min 设计雨型。

5.5.2 案例分析

本节以同频率法推求长沙市望城坡长历时暴雨雨型为典型案例进行分析。

同频率分析法的思路：长历时雨型包含短历时雨型，即给定各短历时峰值位置，从最长历时（如 1440min）雨型中可以依次提取出所需各短历时雨型，保证了各历时间的关联性。同频率分析法的具体步骤：首先需要确定峰值位置和 5min 放大值。峰值位置采用所取样本峰值的平均位置，5min 的放大值为所取样本 5min 最大值的平均值，其余时段按比例分配。120min 历时将 60min 雨型根据峰值位置对齐放入，其余时段按比例分配，其他时段依次类推，最终得到 1440min 设计雨型，长沙市望城坡的同频率分析方法计算的长历时暴雨雨型结果如图 5.5-1、图 5.5-2 和表 5.5-1、表 5.5-2 所示。由图可知，望城坡站 720min（12h）雨型雨峰位置大概在第 285min（4.75h），1440min（24h）雨型雨峰位置大概在第 700min（11.67h）。

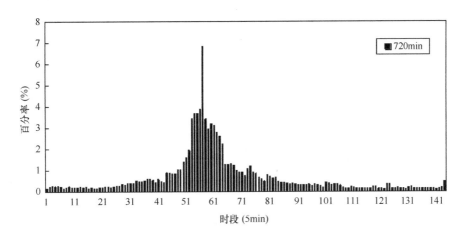

图 5.5-1 长沙市望城坡站 12h 历时设计暴雨过程示意图

长沙市望城坡站 720min 历时设计暴雨过程

表 5.5-1

t (5min)	1	2	3	4	5	6	7	8	9	10	11	12	13	14	15	16	17	18	19	20	21	22	23	24
P/P_{max} (%)	0.18	0.25	0.30	0.27	0.30	0.26	0.19	0.23	0.27	0.21	0.20	0.22	0.26	0.21	0.27	0.17	0.21	0.19	0.17	0.21	0.21	0.26	0.25	0.21
t (5min)	25	26	27	28	29	30	31	32	33	34	35	36	37	38	39	40	41	42	43	44	45	46	47	48
P/P_{max} (%)	0.25	0.30	0.29	0.37	0.33	0.42	0.42	0.40	0.53	0.49	0.48	0.53	0.62	0.62	0.56	0.47	0.60	0.48	0.44	0.91	0.90	0.84	0.86	1.05
t (5min)	49	50	51	52	53	54	55	56	57	58	59	60	61	62	63	64	65	66	67	68	69	70	71	72
P/P_{max} (%)	1.06	1.39	1.59	1.95	3.45	3.68	3.67	3.88	6.83	3.43	2.97	3.19	3.12	2.79	2.60	2.25	1.28	1.28	1.34	1.25	1.02	0.92	0.93	0.75
t (5min)	73	74	75	76	77	78	79	80	81	82	83	84	85	86	87	88	89	90	91	92	93	94	95	96
P/P_{max} (%)	1.10	1.20	0.95	0.87	0.70	0.61	0.51	0.82	0.73	0.65	0.68	0.49	0.45	0.44	0.41	0.39	0.41	0.36	0.34	0.33	0.32	0.33	0.36	0.28
t (5min)	97	98	99	100	101	102	103	104	105	106	107	108	109	110	111	112	113	114	115	116	117	118	119	120
P/P_{max} (%)	0.37	0.32	0.29	0.21	0.46	0.41	0.32	0.38	0.38	0.31	0.23	0.16	0.17	0.23	0.20	0.19	0.15	0.17	0.18	0.15	0.15	0.24	0.36	0.16
t (5min)	121	122	123	124	125	126	127	128	129	130	131	132	133	134	135	136	137	138	139	140	141	142	143	144
P/P_{max} (%)	0.16	0.13	0.36	0.36	0.17	0.18	0.21	0.17	0.16	0.15	0.22	0.23	0.17	0.17	0.16	0.19	0.17	0.18	0.19	0.16	0.13	0.15	0.21	0.50

长沙市望城坡站 1440min 历时设计暴雨过程

表 5.5-2

t (5min)	1	2	3	4	5	6	7	8	9	10	11	12	13	14	15	16	17	18	19	20	21	22	23	24
P/P_{max} (%)	0.06	0.08	0.19	0.28	0.22	0.20	0.21	0.25	0.22	0.16	0.16	0.11	0.14	0.08	0.07	0.11	0.14	0.20	0.20	0.18	0.21	0.21	0.19	0.09
t (5min)	25	26	27	28	29	30	31	32	33	34	35	36	37	38	39	40	41	42	43	44	45	46	47	48
P/P_{max} (%)	0.13	0.13	0.11	0.11	0.12	0.19	0.22	0.15	0.10	0.11	0.11	0.13	0.11	0.10	0.12	0.08	0.10	0.07	0.06	0.06	0.10	0.09	0.07	0.12
t (5min)	49	50	51	52	53	54	55	56	57	58	59	60	61	62	63	64	65	66	67	68	69	70	71	72
P/P_{max} (%)	0.18	0.21	0.23	0.18	0.13	0.12	0.18	0.19	0.15	0.15	0.14	0.08	0.14	0.19	0.16	0.09	0.15	0.24	0.18	0.10	0.10	0.09	0.16	0.15
t (5min)	73	74	75	76	77	78	79	80	81	82	83	84	85	86	87	88	89	90	91	92	93	94	95	96
P/P_{max} (%)	0.12	0.18	0.20	0.15	0.17	0.16	0.20	0.13	0.16	0.15	0.16	0.14	0.19	0.23	0.21	0.23	0.20	0.15	0.18	0.21	0.16	0.16	0.17	0.20
t (5min)	97	98	99	100	101	102	103	104	105	106	107	108	109	110	111	112	113	114	115	116	117	118	119	120
P/P_{max} (%)	0.16	0.21	0.14	0.16	0.15	0.13	0.16	0.16	0.20	0.19	0.17	0.19	0.23	0.23	0.28	0.25	0.32	0.32	0.31	0.41	0.38	0.37	0.41	0.48
t (5min)	121	122	123	124	125	126	127	128	129	130	131	132	133	134	135	136	137	138	139	140	141	142	143	144
P/P_{max} (%)	0.48	0.43	0.36	0.46	0.37	0.34	0.71	0.70	0.65	0.66	0.81	0.82	1.08	1.23	1.51	2.67	2.84	2.84	3.01	5.28	2.65	2.30	2.47	2.42

续表

t (5min)	145	146	147	148	149	150	151	152	153	154	155	156	157	158	159	160	161	162	163	164	165	166	167	168
P/P_{max} (%)	2.16	2.01	1.74	0.99	0.99	1.04	0.97	0.79	0.71	0.72	0.58	0.85	0.93	0.73	0.67	0.54	0.48	0.40	0.63	0.56	0.50	0.52	0.38	0.35
t (5min)	169	170	171	172	173	174	175	176	177	178	179	180	181	182	183	184	185	186	187	188	189	190	191	192
P/P_{max} (%)	0.34	0.32	0.30	0.32	0.28	0.27	0.26	0.25	0.26	0.28	0.22	0.29	0.25	0.22	0.16	0.36	0.32	0.25	0.30	0.30	0.24	0.18	0.13	0.13
t (5min)	193	194	195	196	197	198	199	200	201	202	203	204	205	206	207	208	209	210	211	212	213	214	215	216
P/P_{max} (%)	0.18	0.16	0.14	0.12	0.13	0.14	0.12	0.13	0.19	0.18	0.12	0.12	0.10	0.28	0.28	0.13	0.14	0.17	0.13	0.12	0.12	0.17	0.18	0.13
t (5min)	217	218	219	220	221	222	223	224	225	226	227	228	229	230	231	232	233	234	235	236	237	238	239	240
P/P_{max} (%)	0.13	0.12	0.14	0.13	0.14	0.14	0.12	0.10	0.12	0.17	0.39	0.17	0.17	0.17	0.21	0.25	0.17	0.15	0.20	0.21	0.20	0.23	0.27	0.23
t (5min)	241	242	243	244	245	246	247	248	249	250	251	252	253	254	255	256	257	258	259	260	261	262	263	264
P/P_{max} (%)	0.21	0.26	0.20	0.17	0.19	0.19	0.25	0.26	0.25	0.24	0.17	0.19	0.21	0.17	0.14	0.14	0.13	0.14	0.10	0.09	0.06	0.08	0.09	0.13
t (5min)	265	266	267	268	269	270	271	272	273	274	275	276	277	278	279	280	281	282	283	284	285	286	287	288
P/P_{max} (%)	0.13	0.12	0.14	0.18	0.12	0.15	0.24	0.20	0.25	0.16	0.23	0.19	0.26	0.23	0.22	0.18	0.16	0.20	0.12	0.09	0.07	0.06	0.07	0.10

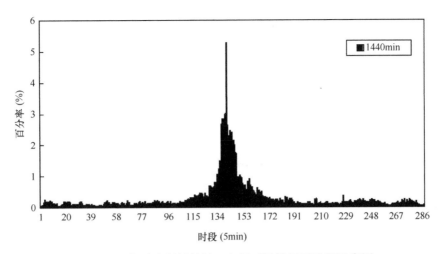

图 5.5-2 长沙市望城坡站 24h 历时设计暴雨过程示意图

长沙市望城坡站耿贝尔分布曲线拟合的 720min 及 1440min

历时各重现期设计暴雨量   表 5.5-3

重现期 (年)	2	3	5	10	20	30	50	100
720min 雨量 (mm)	92.73	110.66	130.63	155.72	179.79	193.63	210.94	234.28
1440min 雨量 (mm)	102.14	122.49	145.16	173.65	200.97	216.69	236.34	262.85

表 5.5-3 为基于长沙市望城坡 1980～2017 年 38 年 720min 和 1440min 历时降雨资料利用耿贝尔分布曲线拟合得到的各重现期的设计暴雨量（注意：这里没有直接利用前面求得的短历时暴雨强度公式求各重现期的设计暴雨量，因为针对短历时资料求得的暴雨强度公式针对 720min 或者 1440min 这样的长历时不一定适用。），将表 5.5-1 和表 5.5-2 中的数据对应乘以设计暴雨过程百分比可以得到各历时各重现期的雨强过程分布图。通过同频率分析方法计算得到的长沙市长历时雨型能够为城市的排涝减灾提供建设性指导意义。

5.6 Huff 法长历时暴雨雨型

5.6.1 Huff 法原理

（1）总雨型推求方法

① 设 n 为 152 场降雨的某一场降雨，记一场降雨总量为 S_n，x_{ni} 表示第 n 场降

85

雨中第 i min 的降雨量，其中 $n=1$，2…152，$i=1$，2…

② 对第 n 场降雨进行十等分，得到十段雨量，每一段时间的降雨量之和分别记为 x_{ni1}，x_{ni2} … x_{ni10}。分别计算每一段时间内的雨量占总雨量的百分比，即 x_{nij}/S（$j=1$，2…10）。至此得到 152 场降雨的每段降雨量百分比。

③对每一段降雨量百分比按降序排列，然后按照经验频率计算排序后的频率，分别找到 10%，20%…90%对应的降雨量百分比。

（2）四种分型降雨雨型推求方法

依据降雨峰值出现在一场降雨的时段区间不同将降雨时程分布为四种降雨类型，即当雨峰出现在整场降雨历时的第几个四分之一时段便称为第几种雨型。将降雨按场次分类后，重复总雨型的步骤即可得到不同分类的 Huff 雨型。

5.6.2　案例分析

本节以 Huff 法推求长沙站长历时暴雨雨型为典型案例进行分析。

根据 Huff 雨型的研究特点，长时间连续的降雨时间序列必须按照一定的降雨时间间隔和降雨量标准划分为独立的降雨场次。从前面的推导确定的长沙市降雨事件时间间隔为 4h，根据中国气象局规定 20mm 为暴雨的标准，从采用的 38 年（1980～2017）分钟雨量数据中挑选出符合标准的场次共记 152 场，降雨历时从 2～75h 不等。样本容量足够大，降雨序列包含的暴雨极值代表性全面，能够反映实际降雨的过程，也具有统计意义。

（1）总雨型推算

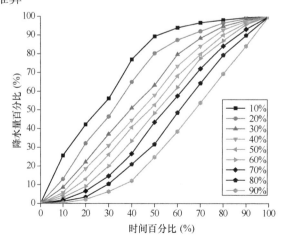

图 5.6-1　长沙站 Huff 总雨型

根据雨型推导方法，推求总雨型，其结果见图 5.6-1，具体数据见表 5.6-1。将降雨时间序列按雨峰出现位置不同划分成四类，统计雨峰出现在每一种类型的降雨场次，进而得到各类雨型的无量纲累积过程。统计发现长沙站的第一个四分之一出现频率为 25%，第二个四分之一出现频率为 31.6%，第三个四分之一出现频率为 32.2%，第四个四分之一出现频率为 11.2%。降水峰值出现区段多在前半段，而总样本中值的降水峰值出现在第二个四分之一位置，详见表 5.6-2。

长沙站 Huff 总雨型各概率水平的无量纲累计百分比（%）　　　表 5.6-1

累积时间百分比（%）	累积降水量百分比（%）								
	概率10%	概率20%	概率30%	概率40%	概率50%	概率60%	概率70%	概率80%	概率90%
5	13.0	6.7	3.9	2.4	1.8	1.3	0.7	0.4	0.1
10	25.8	13.0	8.6	5.8	4.4	3.0	1.8	1.1	0.3
15	35.8	22.9	16.8	12.7	7.3	5.6	4.1	2.1	0.8
20	42.2	31.6	22.2	18.6	13.0	8.9	6.6	3.4	2.1
25	48.8	41.4	31.2	26.3	21.0	13.6	9.0	6.1	3.6
30	56.1	46.4	37.4	31.1	26.1	19.3	14.6	10.4	6.3
35	64.8	51.2	43.2	38.3	33.5	28.1	20.8	15.1	8.4
40	77.2	64.3	50.7	44.4	40.3	33.4	26.4	21.0	10.9
45	84.6	69.5	54.6	50.1	44.8	41.0	33.3	26.9	16.7
50	88.2	80.1	63.1	57.5	52.5	48.2	43.4	31.7	22.9
55	90.6	85.3	69.6	65.0	59.8	54.6	50.5	43.7	31.0
60	93.8	87.4	78.7	72.5	68.2	62.1	57.1	48.3	37.2
65	95.4	90.6	83.2	78.0	75.0	69.0	64.8	56.4	47.0
70	96.7	92.6	88.0	84.0	79.8	77.3	71.4	64.0	52.3
75	97.4	94.4	91.7	89.3	84.1	82.1	79.7	70.2	63.3
80	98.1	96.5	94.3	92.3	89.6	86.2	84.2	78.2	70.0
85	98.8	98.0	96.9	95.6	93.7	92.0	89.0	84.5	78.0
90	99.4	98.8	98.1	97.4	96.7	95.8	93.2	89.8	84.4
95	99.7	99.6	99.3	98.9	98.3	97.8	96.6	95.5	91.6

长沙站不同雨峰位置降水出现频率　　　表 5.6-2

峰值出现区段（降水历时均分时段）	出现频率（%）	峰值出现区段（降水历时均分时段）	出现频率（%）
1	25.0	3	32.2
2	31.6	4	11.2

（2）四种分型雨型推算

图 5.6-2 为各类型降雨时程分布的无量纲累积过程。由图 5.6-2 可以看出，第

一个四分之一、第二个四分之一和第三个四分之一雨型变化较大，而第四个四分之一雨型变化不明显。每张图中的 9 条平滑曲线表示降雨的时程分布，概率水平分别从 10% 到 90%。概率为 90% 的曲线所表征的暴雨，其出现频率为 90%，是比 50% 的概率曲线出现频率更高的时程分布形式。图 5.6-2 可以看出，概率为 90% 的降雨分布的雨峰有滞后和平均化的趋势，因此，也是风险较小的时程分布形式。出现频率越小，其雨峰出现的时间也就越早，峰值也会越明显，其所表征的雨型风险也就会越大。从表 5.6-2 可见，雨峰大多出现在前半段，第四个四分之一区段的降水次数所占比例很小，总样本中值的降水峰值出现在第二个四分之一位置。由于设计雨型不仅需要考虑频率较高的降水，还要考虑各种雨强过程，因此将雨峰落在第二区段的 Huff 雨型作为该种方法的设计雨型。表 5.6-3～表 5.6-6 为长沙站的 Huff 四类雨型各概率水平的无量纲累计百分比数据表。

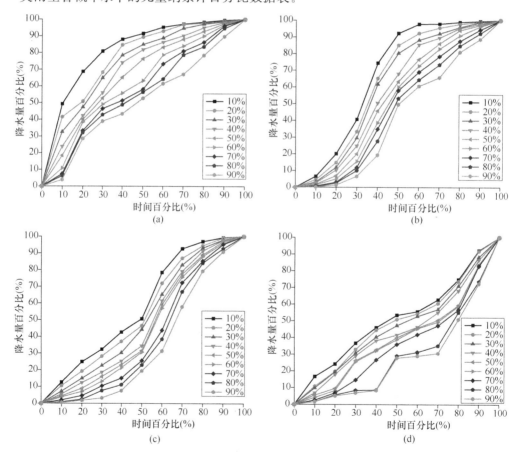

图 5.6-2 长沙站各 Huff 雨型

(a) 第一个四分之一 Huff 雨型；(b) 第二个四分之一 Huff 雨型；

(c) 第三个四分之一 Huff 雨型；(d) 第四个四分之一 Huff 雨型

长沙站第一个四分之一 Huff 雨型各概率水平的无量纲累计百分比（%） 表 5.6-3

累积时间百分比（%）	累积降水量百分比（%）								
	概率10%	概率20%	概率30%	概率40%	概率50%	概率60%	概率70%	概率80%	概率90%
5	34.3	25.5	13.0	8.4	4.2	3.3	2.1	1.3	0.3
10	49.3	41.5	32.4	23.7	18.3	10.8	7.4	6.3	3.2
15	61.0	47.5	42.2	35.8	29.5	25.2	22.6	20.0	15.7
20	68.7	50.8	47.4	42.2	39.7	38.4	33.3	31.6	25.5
25	80.6	62.0	59.9	48.8	46.9	44.9	43.4	38.4	36.2
30	81.1	68.4	64.9	55.7	52.7	49.1	46.4	42.8	38.9
35	83.0	78.5	74.2	63.1	58.4	51.8	49.1	44.0	42.3
40	87.8	84.5	78.5	74.1	65.2	55.8	51.3	48.7	42.9
45	89.7	86.6	82.0	78.6	69.1	59.6	54.5	51.6	45.1
50	91.6	88.2	85.0	81.8	76.4	61.7	57.5	54.8	52.7
55	93.6	90.6	88.2	84.3	78.7	68.9	64.7	62.2	56.4
60	95.3	92.6	88.9	86.3	83.3	75.0	70.7	64.2	61.5
65	96.9	95.4	91.1	89.0	85.0	79.8	76.1	75.2	65.5
70	97.2	96.9	94.6	89.9	87.4	84.1	81.0	78.7	67.0
75	98.1	97.3	97.0	91.6	91.0	88.4	82.6	80.6	72.6
80	98.4	97.7	97.2	93.9	92.7	90.0	85.7	83.6	78.4
85	99.1	98.3	97.8	97.3	94.7	93.2	91.5	88.4	80.6
90	99.5	98.9	98.6	98.1	97.3	96.4	96.1	94.6	89.7
95	99.8	99.7	99.5	99.2	99.0	98.3	97.9	97.2	96.2

长沙站第二个四分之一 Huff 雨型各概率水平的无量纲累计百分比（%） 表 5.6-4

累积时间百分比（%）	累积降水量百分比（%）								
	概率10%	概率20%	概率30%	概率40%	概率50%	概率60%	概率70%	概率80%	概率90%
5	5.2	2.2	1.9	1.6	0.9	0.7	0.3	0.1	0.1
10	6.6	4.6	3.2	2.6	1.8	1.5	0.8	0.4	0.2
15	12.9	6.7	5.6	4.7	4.1	2.4	1.7	0.9	0.2
20	20.1	14.9	11.2	9.0	6.9	5.0	3.0	2.6	1.4
25	32.4	26.6	21.7	15.0	12.1	9.0	6.1	5.2	3.9
30	40.7	33.4	28.6	24.8	18.6	15.5	11.1	10.0	6.4
35	49.9	47.3	43.1	39.7	33.2	30.2	22.5	15.9	11.1
40	74.2	65.2	61.9	50.5	45.7	38.1	34.7	27.5	19.3
45	84.7	74.4	66.2	55.7	51.8	48.7	43.7	41.7	35.9
50	92.3	85.3	80.4	67.3	63.3	59.8	57.9	53.1	49.1

累积时间百分比（%）	累积降水量百分比（%）								
	概率 10%	概率 20%	概率 30%	概率 40%	概率 50%	概率 60%	概率 70%	概率 80%	概率 90%
55	96.4	89.0	85.6	75.5	68.9	65.4	63.3	59.8	53.5
60	97.7	92.3	88.5	84.8	76.7	72.3	68.8	64.6	60.5
65	97.8	94.4	91.6	89.5	79.5	77.0	74.4	68.9	64.6
70	97.9	95.4	93.3	90.3	85.9	81.7	78.2	73.5	65.7
75	98.1	96.7	94.4	92.7	90.2	86.1	82.9	81.0	70.9
80	98.9	98.0	96.3	95.6	93.9	90.9	87.6	84.7	80.7
85	99.4	98.3	97.6	96.9	96.3	93.7	92.2	89.4	85.7
90	99.5	99.0	98.7	97.7	97.2	96.3	94.9	93.2	88.7
95	99.8	99.7	99.4	99.0	98.6	98.0	97.2	95.9	92.7

长沙站第三个四分之一 Huff 雨型各概率水平的无量纲累计百分比（%）　　表 5.6-5

累积时间百分比（%）	累积降水量百分比（%）								
	概率 10%	概率 20%	概率 30%	概率 40%	概率 50%	概率 60%	概率 70%	概率 80%	概率 90%
5	9.7	6.8	3.6	2.4	1.7	1.3	0.8	0.6	0.2
10	12.6	10.5	7.1	5.5	4.4	3.8	2.0	0.8	0.4
15	19.3	14.4	12.7	9.2	6.8	4.7	3.2	1.9	0.8
20	24.9	19.3	14.7	12.3	8.9	6.9	4.6	2.4	1.8
25	27.6	23.2	21.0	16.1	11.6	8.9	7.2	4.1	3.1
30	32.5	28.2	22.7	18.6	16.0	13.2	10.4	7.4	3.2
35	38.3	31.1	24.6	22.0	20.1	17.4	11.4	9.2	5.3
40	42.7	37.1	30.3	25.1	23.1	21.2	15.1	10.9	7.2
45	44.7	42.3	34.9	31.2	26.9	23.2	19.3	15.7	12.9
50	49.8	46.5	44.3	34.5	31.5	30.4	24.7	22.5	19.5
55	62.0	55.1	53.7	50.4	44.3	38.9	33.8	29.2	23.6
60	78.5	71.3	64.4	60.6	58.5	56.0	42.7	37.2	31.3
65	82.4	77.1	75.2	70.5	68.2	65.5	57.9	50.7	44.3
70	92.6	86.6	82.4	79.4	76.9	74.3	71.9	66.8	53.8
75	94.6	91.8	89.8	83.9	82.5	81.7	79.7	76.0	69.1
80	97.0	94.3	93.3	90.5	88.4	86.4	84.5	83.4	78.2
85	98.8	97.8	96.0	95.3	94.9	92.5	91.3	88.7	86.0
90	99.2	98.6	98.0	97.7	97.0	96.3	95.7	92.7	90.9
95	99.6	99.5	99.3	98.9	98.5	98.3	97.8	96.5	95.0

长沙站第四个四分之一 Huff 雨型各概率水平的无量纲累计百分比（％）　　表 5.6-6

累积时间百分比（%）	累积降水量百分比（%）								
	概率10%	概率20%	概率30%	概率40%	概率50%	概率60%	概率70%	概率80%	概率90%
5	10.0	5.6	4.9	2.8	1.1	1.1	0.6	0.5	0.5
10	17.2	10.8	9.8	6.9	5.8	4.2	2.6	1.7	1.6
15	22.9	17.6	12.7	10.8	7.2	6.8	5.9	3.5	1.9
20	24.9	19.6	19.3	17.9	9.8	8.3	6.9	5.9	5.3
25	31.0	27.7	27.2	23.4	21.1	17.5	8.4	8.2	6.7
30	37.4	32.7	30.6	28.8	26.1	25.3	14.6	8.4	7.3
35	39.3	36.6	35.2	30.5	29.9	28.1	23.9	8.4	8.1
40	46.0	44.5	40.3	38.1	32.5	32.0	26.4	8.5	8.4
45	50.6	46.2	42.5	40.5	35.7	33.3	29.2	23.2	8.4
50	53.4	50.9	47.1	42.4	40.0	38.8	38.4	28.9	21.2
55	54.2	52.0	49.6	47.4	44.4	43.3	40.6	30.5	29.6
60	55.6	54.3	52.8	48.8	45.9	45.9	41.8	31.0	30.5
65	58.2	56.9	56.4	51.7	47.4	47.0	43.3	33.1	30.5
70	62.5	61.3	57.0	55.0	50.5	49.4	46.6	34.9	30.5
75	67.6	65.7	63.3	58.5	56.1	56.0	53.5	48.0	33.1
80	73.4	71.5	70.9	67.9	63.6	59.4	56.7	56.1	50.9
85	88.7	88.4	80.4	78.8	74.3	72.5	66.2	61.0	59.6
90	92.2	91.3	88.2	86.6	85.8	83.7	82.0	75.7	67.8
95	97.5	97.3	95.8	95.0	91.8	91.6	90.8	88.4	82.4

统计分析发现，长沙站的第一个四分之一 Huff 雨型的降水事件持续时间小于 12h 的比例最高；第二个四分之一和第三个四分之一 Huff 雨型的降水持续时间多在 12～24h；第四个四分之一 Huff 雨型的降水持续时间多超过 24h，详见表 5.6-7。

长沙站各 Huff 雨型降水持续时间分布　　表 5.6-7

降水持续时间	第一个四分之一（%）	第二个四分之一（%）	第三个四分之一（%）	第四个四分之一（%）
小于 12h	50.0	25.0	32.7	17.6
12～24h	28.9	56.3	36.7	35.3
大于 24h	21.1	18.8	30.6	47.1

（3）12、24h 历时的 Huff 雨型分析

基于长沙站 1980～2017 年 38 年降水数据，进行年最大值选样，利用耿贝尔分

布曲线得到各重现期下相应的降水量，详见表5.6-8。

　　不同的工程项目对应不同的流域范围，使得汇流时间不一样，因此对于不同的工程项目需要研究不同历时雨型。本节研究12h和24h雨型，其中12h雨型是指选取降雨时间超过6h，同时小于12h的降雨事件；24h雨型是指选取降雨时间超过12h，同时小于24h的降雨事件。详细结果见图5.6-3、图5.6-4，具体数据见表5.6-9～表5.6-16。

基于耿贝尔分布的长沙站 12、24h 历时的各重现期降水量　　　表 5.6-8

地区	历时	2 年	3 年	5 年	10 年	20 年	30 年	50 年	100 年
长沙站	12h	92.7	110.7	130.6	155.7	179.8	193.6	210.9	234.3
	24h	102.1	122.5	145.2	173.6	201.0	216.7	236.3	262.8

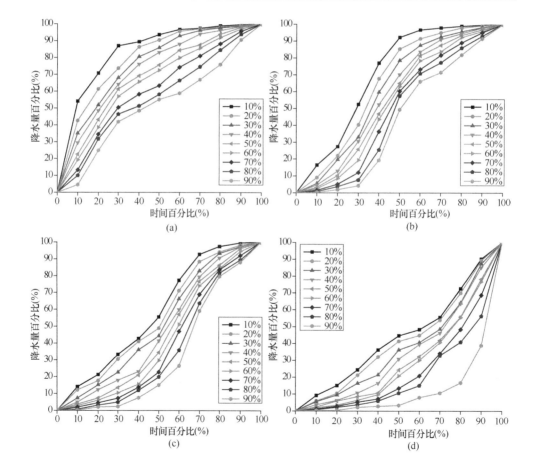

图 5.6-3　长沙站 12h 历时 Huff 雨型

(a) 第一个四分之一 Huff 雨型；(b) 第二个四分之一 Huff 雨型；

(c) 第三个四分之一 Huff 雨型；(d) 第四个四分之一 Huff 雨型

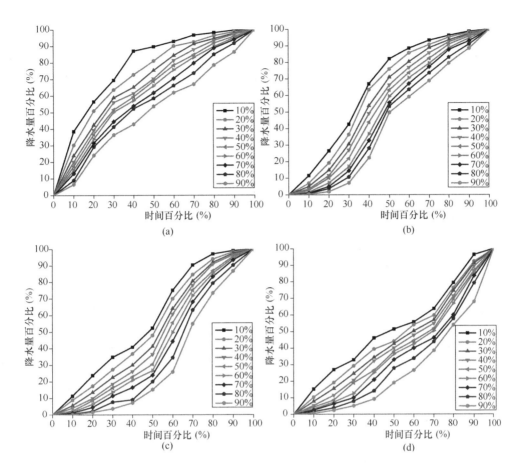

图 5.6-4　长沙站 24h 历时 Huff 雨型

（a）第一个四分之一 Huff 雨型；（b）第二个四分之一 Huff 雨型；

（c）第三个四分之一 Huff 雨型；（d）第四个四分之一 Huff 雨型

长沙站 12h 雨型 Huff 第一个四分之一各概率水平无量纲累计百分比（％）　表 5.6-9

累积时间百分比（％）	累积降水量百分比（％）								
	概率 10%	概率 20%	概率 30%	概率 40%	概率 50%	概率 60%	概率 70%	概率 80%	概率 90%
5	42.6	27.5	19.9	13.0	10.4	7.6	3.4	2.6	1.8
10	54.1	42.6	35.1	29.5	22.6	19.2	13.3	10.0	4.5
15	62.2	51.1	47.0	43.5	30.7	26.6	23.3	21.1	8.5
20	70.8	61.3	51.9	48.5	43.2	38.6	34.5	31.7	24.9
25	79.6	68.9	62.9	57.3	51.7	48.6	46.5	45.1	38.2
30	87.0	73.7	68.1	64.1	61.3	56.9	50.4	46.4	41.9
35	87.6	82.9	74.2	70.0	64.7	59.6	52.1	49.3	45.2
40	89.4	86.4	80.6	76.1	69.2	65.6	58.2	51.3	48.4

续表

累积时间 百分比 （%）	累积降水量百分比（%）								
	概率10%	概率20%	概率30%	概率40%	概率50%	概率60%	概率70%	概率80%	概率90%
45	91.8	88.2	83.4	78.6	71.3	68.7	61.4	55.7	51.2
50	93.6	90.4	85.9	83.1	75.6	72.5	63.3	58.1	55.1
55	95.7	91.6	88.3	86.2	79.3	77.9	70.4	64.6	56.6
60	96.7	95.6	92.9	88.0	84.4	79.9	74.3	66.4	58.8
65	97.2	96.4	93.9	91.4	87.6	83.4	76.7	71.8	61.8
70	97.4	97.0	96.1	94.0	87.6	85.6	81.0	74.6	66.9
75	98.5	97.8	97.0	94.6	91.6	88.1	84.1	80.0	72.0
80	98.8	98.1	97.7	96.1	93.9	91.9	88.2	84.5	75.9
85	99.2	98.7	98.0	97.2	95.4	94.3	92.0	88.6	80.3
90	99.6	99.2	98.7	98.4	97.9	97.0	95.7	93.8	90.6
95	99.8	99.6	99.2	99.1	99.0	98.8	98.2	97.5	95.1

长沙站 12h 第二个四分之一 Huff 雨型各概率水平无量纲累计百分比（%）　表 5.6-10

累积时间 百分比 （%）	累积降水量百分比（%）								
	概率10%	概率20%	概率30%	概率40%	概率50%	概率60%	概率70%	概率80%	概率90%
5	11.6	4.2	3.1	2.1	1.7	1.4	0.8	0.3	0.2
10	16.4	9.0	5.6	4.6	3.2	2.4	1.5	0.8	0.3
15	20.0	16.6	10.0	7.3	5.1	4.1	2.6	1.6	0.5
20	27.4	22.0	19.7	12.9	10.3	8.5	5.1	3.7	1.9
25	38.1	28.7	26.1	22.6	18.9	12.8	7.7	4.5	2.0
30	52.5	40.4	33.1	30.7	25.8	19.3	12.0	7.6	4.2
35	66.1	56.5	47.3	40.1	33.1	30.3	22.6	15.0	7.6
40	77.1	67.7	59.7	52.4	46.9	43.6	36.4	25.4	19.3
45	85.3	80.2	67.5	62.5	58.4	55.1	48.5	44.5	38.0
50	92.3	85.4	78.6	70.2	65.0	63.1	60.3	57.5	49.4
55	94.9	88.4	83.3	80.1	75.7	72.8	68.1	64.9	60.6
60	96.7	91.5	87.6	83.7	81.4	78.4	73.3	70.8	66.0
65	97.3	91.8	90.4	88.8	83.9	81.5	78.1	75.3	67.9
70	97.9	95.0	92.6	91.0	87.6	83.3	81.7	77.3	71.5
75	98.0	96.8	94.9	93.0	90.7	89.5	85.8	81.7	76.0
80	98.9	97.9	95.7	94.6	93.5	92.3	89.1	86.0	81.9
85	99.4	98.2	97.2	96.5	95.4	94.3	91.9	90.5	88.0
90	99.6	99.2	98.2	97.8	96.8	95.8	95.1	93.0	91.5
95	99.9	99.6	99.2	98.6	98.2	97.8	97.1	96.5	93.5

长沙站 **12h** 第三个四分之一 **Huff** 雨型各概率水平无量纲累计百分比（％） 表 5.6-11

累积时间 百分比 （％）	累积降水量百分比（％）								
	概率 10％	概率 20％	概率 30％	概率 40％	概率 50％	概率 60％	概率 70％	概率 80％	概率 90％
5	11.0	7.2	5.0	3.6	2.0	1.4	0.6	0.4	0.2
10	14.1	12.2	7.4	5.0	3.8	2.9	2.0	0.8	0.2
15	19.3	14.0	9.5	7.2	4.9	3.6	3.2	1.9	0.4
20	21.3	17.7	15.2	12.3	7.4	6.1	4.6	3.2	2.1
25	30.6	24.7	19.7	16.3	10.4	8.3	6.2	4.6	2.4
30	33.3	30.5	22.7	18.0	13.6	10.5	7.3	5.0	2.4
35	38.6	36.1	23.0	20.7	17.2	13.4	11.4	7.1	4.4
40	42.7	41.0	36.1	23.1	21.0	15.6	13.8	12.0	7.6
45	49.7	46.4	40.8	29.1	24.3	21.6	16.7	13.0	9.2
50	55.5	48.9	44.3	41.4	34.5	29.7	22.8	19.9	15.1
55	64.4	58.6	53.8	49.9	44.8	41.4	34.6	24.1	21.6
60	77.3	71.1	66.3	59.9	57.1	51.0	47.0	35.8	26.5
65	87.5	80.3	76.1	71.5	68.2	64.9	57.5	52.5	37.2
70	92.7	88.4	82.9	79.4	76.7	74.0	68.9	63.6	59.1
75	95.5	92.0	91.0	83.8	81.3	80.2	76.3	75.5	68.8
80	97.4	94.1	93.3	90.6	86.3	84.3	83.6	81.7	79.6
85	98.0	97.2	95.1	94.6	92.2	91.3	88.7	86.6	84.6
90	99.5	98.2	97.3	97.0	96.1	94.4	92.0	89.4	88.0
95	99.7	99.6	99.2	98.4	97.8	97.5	96.5	95.9	94.2

长沙站 **12h** 第四个四分之一 **Huff** 雨型各概率水平无量纲累计百分比（％） 表 5.6-12

累积时间 百分比 （％）	累积降水量百分比（％）								
	概率 10％	概率 20％	概率 30％	概率 40％	概率 50％	概率 60％	概率 70％	概率 80％	概率 90％
5	5.6	5.5	3.2	2.7	1.8	1.3	0.8	0.6	0.3
10	9.2	6.0	5.5	3.7	2.4	1.9	1.2	0.8	0.3
15	11.5	7.2	6.0	4.3	2.8	2.8	2.2	1.6	0.4
20	15.1	10.4	9.5	6.3	5.9	3.5	2.8	2.2	0.4
25	21.1	16.6	10.7	7.5	6.0	5.1	4.3	3.7	1.8
30	24.4	21.2	16.4	10.7	8.5	6.4	5.3	3.7	2.2
35	27.3	22.2	17.6	14.6	9.7	7.1	5.9	4.2	2.8
40	36.3	32.0	21.4	16.4	10.7	9.7	7.2	5.9	2.8
45	40.5	39.1	23.2	21.6	14.7	13.7	9.7	7.2	2.8
50	44.7	41.4	36.3	30.8	24.3	20.8	13.4	10.6	3.3

续表

累积时间 百分比 （%）	累积降水量百分比（%）								
	概率10%	概率20%	概率30%	概率40%	概率50%	概率60%	概率70%	概率80%	概率90%
55	48.3	44.9	39.4	33.4	28.8	20.8	13.7	12.1	3.3
60	48.3	44.9	40.7	39.5	32.2	30.0	20.8	15.0	8.0
65	48.7	48.0	44.3	42.5	36.9	33.2	25.5	20.3	8.1
70	55.6	53.9	48.6	46.3	42.0	40.7	34.1	32.8	10.6
75	64.6	61.4	54.9	53.5	48.0	45.5	42.7	40.9	10.6
80	72.6	70.0	64.2	63.8	55.9	55.5	48.4	40.9	16.7
85	82.3	80.4	77.6	69.3	66.4	64.9	60.3	49.4	38.8
90	90.3	89.4	87.4	85.2	78.3	76.7	68.7	56.3	38.9
95	97.7	96.7	96.1	93.8	92.6	91.4	85.4	78.7	61.6

长沙站 24h 第一个四分之一 Huff 雨型各概率水平无量纲累计百分比（%）　　表 5.6-13

累积时间 百分比 （%）	累积降水量百分比（%）								
	概率10%	概率20%	概率30%	概率40%	概率50%	概率60%	概率70%	概率80%	概率90%
5	18.3	11.3	9.1	7.4	6.2	5.5	3.8	2.1	0.9
10	38.5	30.2	23.9	20.1	17.5	15.1	13.1	9.0	6.5
15	48.2	40.6	34.3	29.7	27.6	24.3	22.3	16.7	12.7
20	56.5	50.9	42.4	39.3	36.8	34.0	31.4	29.2	24.1
25	62.0	59.6	51.6	48.1	46.0	44.5	39.7	37.1	33.7
30	69.5	63.6	58.9	56.1	51.7	50.3	44.5	41.3	36.4
35	78.5	69.5	63.6	60.8	58.8	54.3	51.6	46.0	39.9
40	87.1	72.8	65.2	61.5	59.4	57.2	53.9	52.3	42.9
45	88.8	78.9	69.7	64.6	61.6	60.8	59.4	54.8	47.7
50	89.8	81.2	75.5	70.3	68.9	66.1	61.8	58.5	53.7
55	91.0	85.0	81.5	77.4	75.9	72.2	68.9	62.9	57.1
60	92.9	90.1	84.5	81.5	78.6	75.8	70.5	66.3	61.9
65	95.7	91.5	88.5	85.0	81.1	78.0	75.0	69.7	65.3
70	96.7	92.6	91.4	88.0	84.9	83.3	79.9	73.7	67.0
75	97.2	94.4	93.0	90.2	88.4	85.4	82.7	76.3	73.6
80	98.2	96.4	94.7	93.5	91.9	89.8	88.9	85.1	78.7
85	98.9	97.6	96.3	95.8	94.2	93.7	90.8	88.3	80.6
90	99.7	98.7	97.8	97.3	96.0	95.1	94.0	91.8	86.5
95	99.9	99.5	99.1	98.9	98.4	98.1	97.3	95.9	94.3

长沙站 24h 第二个四分之一 Huff 雨型各概率水平无量纲累计百分比（％） 表 5.6-14

累积时间百分比（％）	累积降水量百分比（％）								
	概率10％	概率20％	概率30％	概率40％	概率50％	概率60％	概率70％	概率80％	概率90％
5	6.7	4.2	2.6	1.8	1.2	0.8	0.5	0.2	0.2
10	11.6	7.0	5.0	3.4	2.7	1.6	1.0	0.6	0.3
15	16.7	12.0	9.0	7.1	5.0	3.8	2.3	1.3	0.5
20	26.5	19.2	14.9	11.6	10.1	7.2	5.0	3.8	1.9
25	31.2	25.7	21.1	17.5	14.2	12.0	9.0	6.3	5.1
30	42.5	36.3	30.5	26.9	21.8	16.9	14.4	10.7	7.1
35	54.2	47.4	43.2	37.6	33.5	29.4	22.7	18.8	12.6
40	66.8	63.4	53.7	49.1	43.8	36.7	32.8	27.9	22.3
45	75.7	67.9	62.9	56.4	51.6	47.6	43.5	39.8	36.6
50	82.1	76.0	71.0	66.2	63.1	59.3	55.5	53.4	49.7
55	85.8	81.6	77.7	72.8	69.0	66.6	61.4	58.1	54.0
60	88.5	85.6	80.4	76.9	73.7	70.5	67.0	63.5	59.1
65	91.6	88.6	84.0	82.0	78.4	74.2	71.9	68.9	64.6
70	93.3	90.7	88.8	85.7	82.4	79.4	77.3	73.6	68.8
75	94.3	92.8	91.0	88.6	86.8	83.9	80.9	78.4	73.4
80	96.2	95.1	93.5	92.3	90.9	88.7	87.6	83.1	79.6
85	97.4	96.6	96.0	94.8	93.3	92.2	91.0	88.7	83.5
90	98.7	98.0	97.2	96.6	95.7	94.5	92.9	91.0	88.5
95	99.6	99.3	98.8	98.5	97.9	97.0	96.2	94.6	93.1

长沙站 24h 第三个四分之一 Huff 雨型各概率水平无量纲累计百分比（％） 表 5.6-15

累积时间百分比（％）	累积降水量百分比（％）								
	概率10％	概率20％	概率30％	概率40％	概率50％	概率60％	概率70％	概率80％	概率90％
5	5.9	4.1	2.5	1.9	1.5	1.1	0.8	0.3	0.1
10	11.3	8.9	5.7	4.1	2.5	1.7	1.2	0.6	0.1
15	15.5	12.7	9.7	7.8	5.9	4.2	2.5	1.2	0.6
20	23.7	17.3	13.6	9.9	8.7	6.5	4.6	2.2	1.6
25	28.9	22.8	19.3	15.8	13.3	10.2	7.3	4.2	2.6
30	34.7	27.3	22.6	18.6	16.3	13.7	11.5	7.7	3.8
35	38.0	31.7	25.3	22.8	20.1	18.0	14.5	8.5	5.3
40	40.8	36.7	30.0	26.1	22.8	20.9	16.5	9.1	7.2
45	47.3	42.2	36.4	30.9	28.1	23.5	20.2	14.8	12.3
50	52.4	47.9	41.3	36.4	30.5	26.6	23.9	20.0	15.2

累积时间百分比（%）	累积降水量百分比（%）								
	概率10%	概率20%	概率30%	概率40%	概率50%	概率60%	概率70%	概率80%	概率90%
55	66.2	58.2	52.5	46.5	42.3	39.5	32.4	26.1	20.4
60	75.1	70.0	64.1	60.8	55.6	49.8	44.4	34.4	25.9
65	83.5	77.1	73.4	69.6	66.6	62.1	56.8	50.0	40.4
70	90.4	84.6	80.7	78.2	75.2	71.9	68.2	63.2	55.0
75	95.5	91.3	88.0	83.5	81.5	79.7	76.7	72.4	66.8
80	97.1	94.0	92.0	91.0	86.9	85.4	83.4	79.3	73.5
85	97.9	96.6	95.3	94.1	92.0	90.4	88.0	85.4	79.0
90	99.1	98.3	97.5	96.5	95.7	94.7	93.4	90.3	86.8
95	99.6	99.4	98.9	98.5	97.9	97.1	96.1	94.7	91.7

长沙站 24h 第四个四分之一 Huff 雨型各概率水平无量纲累计百分比（%）　　表 5.6-16

累积时间百分比（%）	累积降水量百分比（%）								
	概率10%	概率20%	概率30%	概率40%	概率50%	概率60%	概率70%	概率80%	概率90%
5	10.3	6.0	4.7	3.3	2.2	1.5	1.1	0.6	0.4
10	15.2	10.4	7.9	5.4	4.5	3.2	2.6	1.7	0.6
15	21.4	15.9	10.8	7.7	6.6	5.8	5.0	2.8	1.2
20	26.9	19.1	15.6	11.5	8.6	7.3	6.3	3.9	2.5
25	30.5	26.9	19.9	16.0	11.4	8.4	7.8	6.6	3.3
30	32.7	29.1	24.5	20.5	19.0	12.6	10.0	7.9	5.1
35	41.0	33.0	28.6	26.4	22.6	16.7	13.1	9.3	6.9
40	46.1	39.4	34.3	32.1	26.4	25.1	20.8	14.1	9.2
45	49.8	42.1	37.5	35.1	33.6	29.9	27.5	23.2	13.5
50	51.4	44.1	42.6	40.0	37.9	36.2	32.9	27.7	19.0
55	54.2	50.5	47.3	43.3	42.3	38.1	36.7	32.9	24.1
60	55.6	54.0	50.3	47.7	44.4	42.5	40.0	33.7	26.5
65	56.9	55.5	52.2	50.9	48.6	45.9	43.0	38.2	32.1
70	63.7	59.7	57.0	54.8	51.8	50.4	46.2	43.8	38.4
75	69.6	66.3	64.0	60.2	59.1	56.7	53.8	48.2	45.5
80	79.4	76.3	74.5	71.3	69.4	66.8	60.0	57.7	53.9
85	88.0	84.8	83.3	80.9	78.6	74.3	72.1	67.0	61.0
90	96.4	92.2	91.1	89.4	86.9	85.8	83.7	79.2	67.9
95	98.6	96.9	95.9	95.3	94.4	93.4	92.7	91.7	86.3

5.7　基于 BLRPM 模型的连续雨型研究

5.7.1　BLRPM 模型介绍

BLRPM 模型是由 Rodriguez-Iturbe 等[56]建立的模型，在日以下尺度降雨随机模拟中引入了 Bartlett-Lewis 矩形脉冲而生成的点过程模型。该模型假定：1）降雨开始时间服从泊松分布，整个降雨事件由若干个降雨单元叠加而成；2）每个降雨单元开始时间也服从泊松分布；3）每个降雨单元的历时和降雨量服从指数分布；4）总降雨历时服从指数分布。共计 5 个独立概率分布参数，需要降雨数据进行求解。

5.7.2　案例分析

（1）数据

将长沙站（57687）逐分钟降水数据处理成逐 5min 降水数据序列，用于统计自然降水事件，建立随机降水模型，构建连续雨型。

（2）随机模型的参数估计结果

在 BLRPM 模型中，降雨事件根据参数 λ 的泊松过程形成；在每次降雨事件中，单元根据参数 β 的泊松过程形成；每个降水单元形成与矩形脉冲相关联，该脉冲具有指数分布的持续时间（参数 η）和指数分布的平均降水强度 μ_x；降雨事件具有指数形式分布式的持续时间（参数 γ）。BLRPM 对不同尺度降雨量的均值、方差和自协方差特征模拟较好。BLRPM 模型参数组（λ、γ、β、η、μ_x）由 5min 降水序列的统计特征（均值、方差、自协方差）通过矩量法来估算。

表 5.7-1 和图 5.7-1 为长沙站各月降水序列 BLRPM 模型参数估计值。由表可知，春季（2～4 月）降雨事件发生率最大，平均每月出现 16～21 次降雨事件过程，7～9 月降水事件发生率最小；冬半年降雨事件持续时间一般较长，平均在 190min 以上，8 月和 4 月降雨事件持续时间较短；从降雨事件中的降雨单元发生率来看，冬半年发生率较高，夏半年较低；降雨单元持续时间夏半年长，冬半年短；从降雨单元的平均雨强来看，夏半年明显较强，其中盛夏（7～8 月）降雨单元平均雨强（μ_x）在 0.18mm/min 以上。由上述分析可知，长沙站降雨序列 BLRPM 模型参数估值是比较合理的，秋冬季（10 月～次年 2 月）降水时间较长，降雨

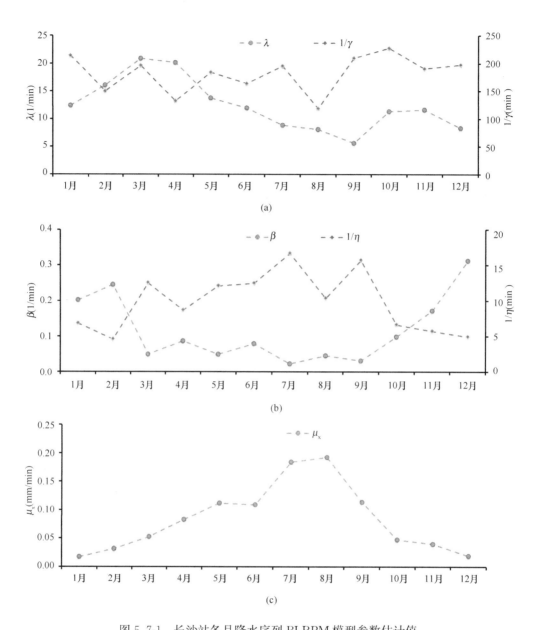

图 5.7-1　长沙站各月降水序列 BLRPM 模型参数估计值

（a）降雨事件发生率 λ（1/min）和持续时间 $1/\gamma$（min）；（b）降雨单元发生率 β（1/min）

和持续时间 $1/\eta$（min）；（c）降雨单元平均强度（mm/min）

单元发生率较大，但是降雨单元持续时间短、雨强弱，体现了层状降水的特征；3～4 月降水事件多，降雨单元发生率较少、持续时间增长，平均雨强增强，体现了对流性天气特征。5～6 月降雨事件较 3～4 月少，但降雨单元持续时间增长、雨强增强，因而月总降水量增加，降雨事件的累计雨量显著增加。在盛夏（7～8 月）降雨事件发生较少、持续时间短，但是降雨单元发生率较小，但是降雨单元持续时间长、雨强大，体现了强的对流特征，多为雷暴等强对流天气；9月降水事件少，长沙多为晴朗天气。

长沙站各月降水序列 BLRPM 模型参数估计值   表 5.7-1

	λ (1/min)	1/γ (min)	β (1/min)	1/η (min)	μ_x (mm/min)
1 月	12.40992	214.13276	0.20161	6.78058	0.01757
2 月	16.04736	150.46645	0.24446	4.55311	0.03134
3 月	20.89152	195.84802	0.04874	12.49500	0.05220
4 月	20.13120	132.24015	0.08639	8.65741	0.08263
5 月	13.74912	183.75597	0.04963	12.06273	0.11150
6 月	11.92320	163.98819	0.07981	12.43503	0.10857
7 月	8.83872	195.16003	0.02260	16.62787	0.18418
8 月	8.12448	118.96265	0.04547	10.30100	0.19246
9 月	5.61600	209.73154	0.03174	15.65680	0.11339
10 月	11.33856	227.16947	0.09827	6.61770	0.04750
11 月	11.60640	190.62143	0.17157	5.69580	0.03984
12 月	8.30304	197.31650	0.31199	4.91149	0.01853

（3）长沙站连续雨型构建

BLRPM 模型中假定了降雨事件、降水单元发生的规律，基于长沙站各月降水序列 BLRPM 模型的参数值，可以模拟生成长沙各月逐 5min 降水序列，从而构建长沙站连续雨型。由于 BLRPM 是一个具有两级泊松过程，降水事件和降水单元根据泊松过程随机形成，因此在模拟各月降水序列时，在多次模拟结果中挑选月降水量、降水过程数与实况较为接近的模拟序列，构建长沙站连续雨型。见表 5.7-2 和图 5.7-2。

长沙站多年（1980～2017 年）各月降水量平均值及各月模拟降水量（mm） 表 5.7-2

月份 站点	1	2	3	4	5	6	7	8	9	10	11	12	年
多年平均值	70.5	91.4	142.8	182.4	188.8	227.1	148.8	105.3	76.8	72.2	81.9	47.5	1435.5
模拟值	68.0	91.1	149.6	184.0	187.1	239.5	144.0	112.7	78.3	68.2	76.6	48.8	1447.9

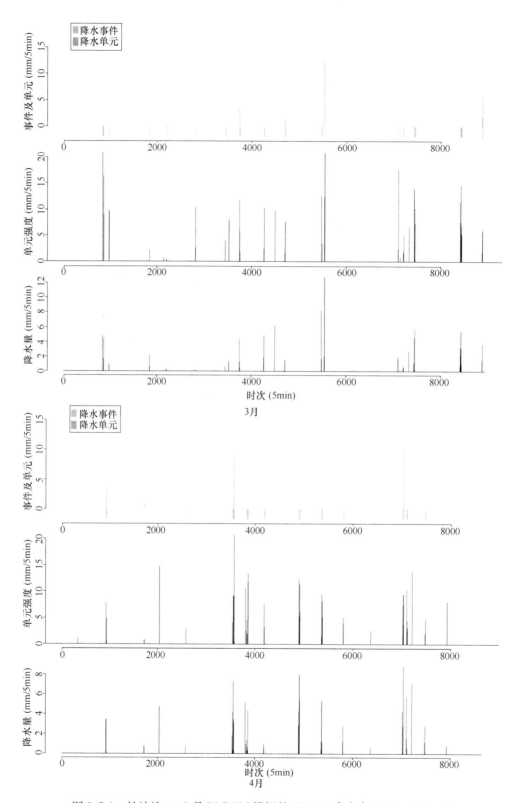

图 5.7-2 长沙站 3～7 月 BLRPM 模拟的逐 5min 降水序列（mm）（一）

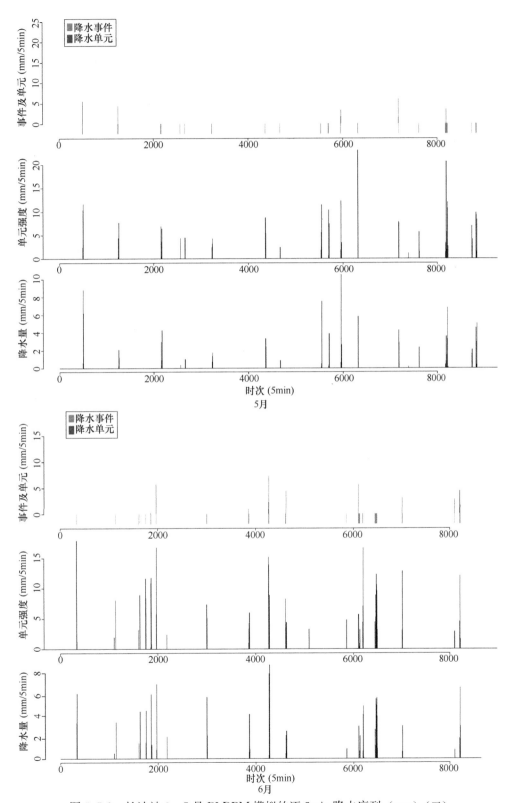

图 5.7-2 长沙站 3～7 月 BLRPM 模拟的逐 5min 降水序列（mm）（二）

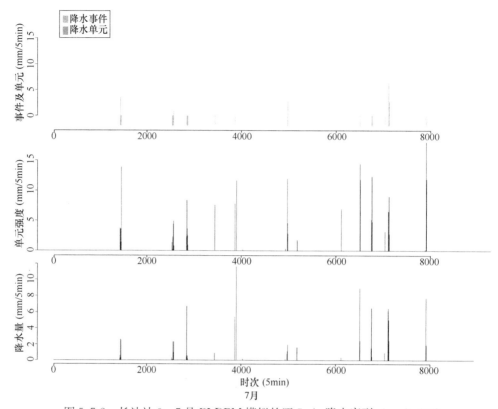

图 5.7-2　长沙站 3～7 月 BLRPM 模拟的逐 5min 降水序列（mm）（三）

第6章 水文水力模型

6.1 水文模型概述

6.1.1 水文模型的发展

简化模型（集总式模型）只考虑系统出流与时间的关系，而不考虑空间分布的影响。根据质量守恒关系可以得到：

$$\frac{\mathrm{d}S}{\mathrm{d}t} = I(t) - Q(t) \tag{6.1-1}$$

其中入流水文曲线 $I(t)$ 已知时，还需要知道库容 S 随时间的变化。一般而言，库容 S 与入流、出流以及他们关于时间的各阶导数都有关系。因此要求解方程（6.1-1）需要对库容 S 做出一定的假设。一种常见的方法是假设系统水位保持水平，这种方法适用于蓄水池类似的系统，水流速度缓慢，出流量仅与系统水位有关。由于系统水位保持水平，库容 S 也由水位决定，所以库容 S 可以仅用出流 Q 的函数表示，即 $S = f(Q)$。结合方程（6.1-1）可以求解得到出流 Q。若直接将方程（6.1-1）离散化成：

$$S_{j+1} - S_j = \frac{I_j + I_{j+1}}{2}\Delta t - \frac{Q_j + Q_{j+1}}{2}\Delta t \tag{6.1-2}$$

然后进行移项可得：

$$\frac{2S_{j+1}}{\Delta t} + Q_{j+1} = I_j + I_{j+1} + \frac{2S_j}{\Delta t} - Q_j \tag{6.1-3}$$

进而可计算出不同时刻（$2S/\Delta t + Q$）这一项的值，由于不同水位下库容 S 和出流 Q 均为已知，所以根据（$2S/\Delta t + Q$）这一项的值可以反推出水位及对应的出流 Q。

【例 6.1-1】假设一水平方形滞流单元底面积为 $1200\mathrm{m}^2$，出口流量按堰流公式计算，其中堰流系数为 1.66，堰宽 2m。若入流时间变化如表 6.1-1 所示，计算出流曲线。

入流时间变化　　　　　　　　　　　　　　表 6.1-1

时间	0	10	20	30	40	50	60	70
入流	0	1.8	3.6	5.4	7.2	9	10.8	9.6
时间	80	90	100	110	120	130	140	150
入流	5.4	7.2	6	4.8	3.6	2.4	1.2	0

第一步：计算不同水位对应的库容、出流、以及 $2S/\Delta t+Q$

库容 $S=AH$，$Q=CLH^{1.5}=1.66\times2\times H^{1.5}$，取 $\Delta t=10\text{min}$，即 600s，结果如表 6.1-2 所示。

不同水位库容与出流　　　　　　　　　　表 6.1-2

水位 H (m)	库容 S (m³)	出流 Q (m³/s)	$2S/\Delta t+Q$ (m³/s)
0	0	0.000	0.000
0.2	240	0.223	1.023
0.4	480	0.630	2.230
0.6	720	1.157	3.557
0.8	960	1.782	4.982
1	1200	2.490	6.490
1.2	1440	3.273	8.073
1.4	1680	4.125	9.725
1.6	1920	5.039	11.439
1.8	2160	6.013	13.213
2	2400	7.043	15.043
2.2	2640	8.125	16.925
2.4	2880	9.258	18.858
2.6	3120	10.439	20.839
2.8	3360	11.666	22.866

第二步：按方程 6.1-3 计算出流。

计算结果如表 6.1-3，第三栏为方程（6.1-3）右侧项，对应表 6.1-2 中第四栏。初始时刻，$Q=0$，$S=0$，从 $t=10\text{min}$ 开始每一时刻，计算完第三栏后，根据表 6.1-2 可插值找到相应的出流 Q 与库容 S，进而计算下一时刻第三栏的值。

出流计算过程　　　　　　　　　　　　表 6.1-3

时间 (min)	入流 I (m³/s)	$I_j+I_{j+1}+2S_j/\Delta t-Q_j$ (m³/s)	出流 Q (m³/s)	库容 S (m³)
0	0		0	0
10	1.8	1.8	0.485	394.529
20	3.6	6.230	2.368	1158.659

时间 (min)	入流 I (m³/s)	$I_j+I_{j+1}+2S_j/\Delta t-Q_j$ (m³/s)	出流 Q (m³/s)	库容 S (m³)
30	5.4	10.494	4.535	1787.705
40	7.2	14.024	6.469	2266.334
50	9	17.285	8.336	2684.687
60	10.8	20.413	10.185	3068.371
70	9.6	20.443	10.203	3072.018
80	8.4	18.037	8.777	2778.077
90	7.2	16.083	7.641	2532.669
100	6	14.001	6.457	2263.353
110	4.8	11.888	5.286	1980.683
120	3.6	9.717	4.121	1678.830
130	2.4	7.476	2.978	1349.404
140	1.2	5.120	1.847	982.080
150	0	2.627	0.788	551.750
160	0	1.052	0.232	245.742
170	0	0.587	0.128	137.677

由于系统水位保持水平，库容变化量 dS 可以表示为 $A(H)dH$，其中 $A(H)$ 是不同水位下水面面积，dH 为水位变化量，所以方程 6.1-1 可以表达成水位关于时间的微分方程：

$$\frac{dH}{dt}=\frac{I(t)-Q(H)}{A(H)} \tag{6.1-4}$$

进而用数值解法求解，例如三阶龙格库塔法，将每个时间段分成三部分，每段水位增量分别为：

$$\Delta H_1=\frac{I(t_j)-Q(H_j)}{A(H_j)}\Delta t \tag{6.1-5}$$

$$\Delta H_2=\frac{I(t_j+\Delta t/3)-Q(H_j+\Delta H_1/3)}{A(H_j+\Delta H_1/3)}\Delta t \tag{6.1-6}$$

$$\Delta H_3=\frac{I(t_j+2\Delta t/3)-Q(H_j+2\Delta H_1/3)}{A(H_j+2\Delta H_1/3)}\Delta t \tag{6.1-7}$$

最后加权得到水位增量 $\Delta H=\frac{\Delta H_1}{4}+\frac{3\Delta H_3}{4}$

【例 6.1-2】利用三阶龙格库塔法求解例 6.1-1。

当 $t=0$ 时，$H=0$，

$$\Delta H_1=\frac{I(t_j)-Q(H_j)}{A(H_j)}\Delta t=\frac{0-0}{1200}\times 600=0m$$

$$\Delta H_2=\frac{I(t_j+\Delta t/3)-Q(H_j+\Delta H_1/3)}{A(H_j+\Delta H_1/3)}\Delta t$$

$$= \frac{0.6 - 1.66 \times 1.5 \times (0 + 0/3)^{1.5}}{1200} \times 600 = 0.3 \mathrm{m}$$

$$\Delta H_3 = \frac{I(t_j + 2\Delta t/3) - Q(H_j + 2\Delta H_1/3)}{A(H_j + 2\Delta H_1/3)} \Delta t$$

$$= \frac{1.2 - 1.66 \times 1.5 \times (0 + 2 \times 0.3/3)^{1.5}}{1200} \times 600 = 0.489 \mathrm{m}$$

将 $H + \Delta H_1/4 + 3\Delta H_3/4 = 0.366 \mathrm{m}$ 作为 $t = 10\mathrm{min}$ 时的 H 进行下一时刻的计算，完整过程与结果见表 6.1-4。注意，由于数值稳定性原因，在 $t = 60\mathrm{min}$ 附近时间间隔取值 5min。可以看到，两种方法计算结果差别不大。

三阶龙格库塔法计算过程　　　　　　　　表 6.1-4

时间（min）	增量 $1\Delta H_1$（m）	增量 $2\Delta H_2$（m）	增量 $3\Delta H_3$（m）	水位 H（m）	出流 Q（m³/s）
0	0	0.3	0.489	0	0
10	0.624	0.658	0.601	0.366	0.552
20	0.605	0.515	0.520	0.973	2.389
30	0.380	0.383	0.369	1.514	4.640
40	0.374	0.349	0.360	1.886	6.451
50	0.150	0.154	0.154	2.250	8.402
55	0.157	0.156	0.155	2.402	9.272
60	0.153	0.027	0.027	2.558	10.187
65	−0.084	−0.092	−0.092	2.616	10.538
70	−0.198	−0.203	−0.201	2.526	9.997
80	−0.215	−0.212	−0.218	2.325	8.830
90	−0.211	−0.222	−0.217	2.108	7.623
100	−0.241	−0.237	−0.244	1.892	6.483
110	−0.236	−0.250	−0.247	1.649	5.273
120	−0.272	−0.275	−0.280	1.404	4.144
130	−0.288	−0.302	−0.307	1.126	2.976
140	−0.331	−0.350	−0.364	0.824	1.861
150	−0.398	−0.241	−0.212	0.468	0.796
160	−0.119	−0.087	−0.073	0.209	0.239
170	−0.055	−0.043	−0.037	0.125	0.110

另一种常见的方法是马斯京根法（Muskingum Method），假设系统库容分为两部分，一部分与出流量 Q 呈线性关系，另一部分与入流出流差值（$I-Q$）呈线性关系，即 $S = KQ + KX(I-Q)$，其中 K 和 X 因系统而异。这类方法适用于狭长的流域和河道。利用该方法将方程（6.1-1）离散化可得：$Q_{j+1} = C_1 I_{j+1} + C_2 I_j + C_3 Q_j$，其中

$$C_1 = \frac{\Delta t - 2KX}{2K(1-X) + \Delta t} \qquad (6.1\text{-}8)$$

$$C_2 = \frac{\Delta t + 2KX}{2K(1-X) + \Delta t} \qquad (6.1-9)$$

$$C_3 = \frac{2K(1-X) - \Delta t}{2K(1-X) + \Delta t} \qquad (6.1-10)$$

可以看到 $C_1 + C_2 + C_3 = 1$，可用来检验系数 C_1、C_2、C_3 的计算

【例 6.1-3】利用马斯京根法求解例 6.1-1，取 $K = 6\text{min}$，$X = 0.15$，$\Delta t = 10\text{min}$。

第一步：计算系数 C_1、C_2、C_3。

$$C_1 = \frac{10 - 2 \times 6 \times 0.15}{2 \times 6 \times (1 - 0.15) + 10} = 0.406$$

$$C_2 = \frac{10 + 2 \times 6 \times 0.15}{2 \times 6 \times (1 - 0.15) + 10} = 0.584$$

$$C_3 = \frac{2 \times 6 \times (1 - 0.15) - 10}{2 \times 6 \times (1 - 0.15) + 10} = 0.010$$

第二步：列表计算出流。

当 $t = 10\text{min}$ 时，$Q = 0.406 \times 1.8 + 0.584 \times 0 + 0.010 \times 0 = 0.731$（$\text{m}^3/\text{s}$），

当 $t = 20\text{min}$ 时，$Q = 0.406 \times 3.6 + 0.584 \times 1.8 + 0.010 \times 0.731 = 2.520$（$\text{m}^3/\text{s}$），

依次计算，结果如表 6.1-5 所示。

马斯京根法计算过程　　　　　　　　　　　　表 6.1-5

时间（min）	I（m^3/s）	出流 Q（m^3/s）
0	0	0
10	1.8	0.731
20	3.6	2.520
30	5.4	4.320
40	7.2	6.120
50	9	7.920
60	10.8	9.720
70	9.6	10.302
80	8.4	9.120
90	7.2	7.920
100	6	6.720
110	4.8	5.520
120	3.6	4.320
130	2.4	3.120
140	1.2	1.920
150	0	0.720
160	0	0.007
170	0	0.000

复杂模型（分布式模型）除了考虑系统出流与时间的关系，还需要考虑空间分布的影响。其控制方程为质量守恒方程和动量守恒方程：

$$\frac{\partial Q}{\partial x} + \frac{\partial A}{\partial t} = 0 \tag{6.1-11}$$

$$\frac{1}{A}\frac{\partial Q}{\partial t} + \frac{1}{A}\frac{\partial}{\partial x}\left(\frac{Q^2}{A}\right) + g\frac{\partial y}{\partial x} - g(S_0 - S_f) = 0 \tag{6.1-12}$$

动量方程各项描述了流体运动中不同的物理作用。第一项为局部加速度项，表示因速度随时间变化而引起的动量变化，第二项为对流加速度项，表示因速度空间分布不均匀而引起的动量变化，这两项合称为惯性项，第三项为压力项，反映了水深的影响，第四项为重力项，反映了由底坡引起的重力作用，第五项为摩阻项，反映了水流内部及边界的摩阻损失。根据动量守恒方程考虑项不同，可分为三种形式：运动波，只考虑重力项与摩阻项；扩散波，不考虑惯性项；动力波，考虑所有项。一般而言，求解这两个方程需要采用有限差分法或有限元法等数值解法计算。

6.1.2　适用于海绵城市规划和方案设计的水文模型简介

随着海绵城市的建设，越来越多的 LID 设施被应用到城市规划中，适用于海绵城市规划和方案设计的水文模型需要建立水流在地表与 LID 设施之间的关系。

（1）生物滞流单元

一般而言，生物滞流单元可以分为图 6.1-1 所示三层。第一层滞水层接收降雨与其他区域地表径流。滞水层的水通过入渗进入到下一层介质土层，部分滞水层积水蒸发后，溢流会继续形成地表径流。第二层为介质土层，提供植物生长养分，水

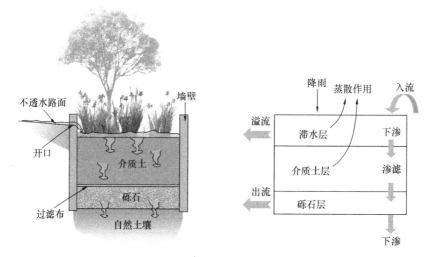

图 6.1-1　生物滞流单元示意图

流继续入渗进入第三层。第三层为砾石层，根据实际情况水流可能继续入渗进入自然土壤，通过盲管出流或者蓄在该层缓慢蒸发。为了简化模拟，可对生物滞流单元做出以下假设：

① 各层截面积不随深度变化；

② 水流运动为竖直一维的；

③ 入流均匀分布在表层；

④ 各层水分均匀分布；

⑤ 不考虑砾石层中土壤基质力，将其作为一个简单的蓄水装置。

根据质量守恒，各层含水量变化可以表示为：

滞水层
$$\phi_1 \frac{\partial d_1}{\partial t} = i + q_0 - e_1 - f_1 - q_1 \tag{6.1-13}$$

介质土层
$$D_2 \frac{\partial \theta_2}{\partial t} = f_1 - e_2 - f_2 \tag{6.1-14}$$

砾石层
$$\phi_3 \frac{\partial d_3}{\partial t} = f_2 - e_3 - f_3 - q_3 \tag{6.1-15}$$

其中下标 $1 \sim 3$ 分别表示滞水层、介质土层、砾石层，ϕ 为为孔隙度，d 为水深，D 为各层厚度，i 为降雨强度，e 为蒸发速率，f 为入渗速率，q_0、q_1、q_3 分别为其他区域流入径流、滞水层溢流、盲管出流。假设高出表层的水即刻形成地表径流，则 $q_1 = \max[(d_1 - D_1)/\Delta t, 0]$

（2）绿色屋顶

绿色屋顶也跟生物滞流单元类似，第一层植被层相当于滞水层，但只接收降雨，$q_0 = 0$，第二层过滤层相当于介质土层，第三层排水板相当于砾石层，但没有自然土壤入渗，$f_3 = 0$。其中植被层溢流可以根据曼宁公式计算：

$$q_1 = \frac{\phi_1}{n_1 A_1} W_1 (d_1 - D_1)^{5/3} S_1^{1/2} \tag{6.1-16}$$

其中 n_1，A_1，S_1，W 分别为绿色屋顶的曼宁系数面积坡度宽度。

（3）雨水罐

雨水罐可以看成一个无填充的蓄水装置，因此雨水罐的控制方程只有一个：

$$\frac{\partial d_3}{\partial t} - f_1 - q_1 - q_3 \tag{6.1-17}$$

进水速率由蓄水深度和出流速度决定，$f_1 = \min[(D_3 - d_3)/\Delta t + q_3, q_0]$。

（4）植草沟

植草沟可以看成一个渗透性较好的梯形明渠，其控制方程为：

$$A_1 \frac{\partial d_1}{\partial t} = (i + q_0)A - (e_1 + f_1)A_1 - q_1 A \tag{6.1-18}$$

其中 A 和 A_1 分别为植草沟整体面积和水流表面积。与其他大多数 LID 设施不同，植草沟截面面积无法当成恒定值处理，但可以假定截面面积与深度成正比，即：

$$A_1 = \frac{A}{W_1} \big[W_1 - 2S_x(D_1 - d_1) \big] \tag{6.1-19}$$

其中 W_1 为植草沟整体宽度，S_x 梯形截面边坡。出水流量可按曼宁公式计算：

$$q_1 A = \frac{1}{n_1} A_x R_x^{2/3} S_1^{1/2} \tag{6.1-20}$$

其中 A_x 为水深为 d_1 时过水面积，R_x 为对应截面湿周，S_1 植草沟纵向坡度。

其他 LID 设施，如雨水花园、透水铺装等，从模型角度而言结构与生物滞流单元相似，控制方程使用生物滞流单元的即可。

6.2　海绵模型计算案例

6.2.1　绿色屋顶案例

该案例采用 She 和 Pang 基于修正格林安普特公式建立的绿色屋顶下渗模型[57]，仅考虑旱季蒸散作用，并假定其符合指数衰减，最后通过 SWMM 径流模块计算出流。下渗模型分为三个部分：湿润锋推进，饱和阶段，消退阶段，图 6.2-1 为下渗模型计算流程。

累积入渗深度 F 和入渗速率 f 根据式（6.2-1）和式（6.2-2）计算。

$$F = Kt + (\psi - h)\Delta\theta \ln\Big[1 + \frac{F}{(\psi - h)\Delta\theta} \Big] \tag{6.2-1}$$

$$f = K\Big[1 + \frac{(\psi - h)\Delta\theta}{F} \Big] \tag{6.2-2}$$

其中，h 为表面积水深度，其他参数与 2.2.2 节一致。累积入渗深度 F 与含水量 θ 的关系为

$$\theta = F/D \tag{6.2-3}$$

其中 D 为绿色屋顶介质土厚度，F 为累积入渗深度，f 为入渗速率。具体计算步骤如下：

（1）根据初始时刻（$t=0$）的降雨强度 i_0，表面积水深度 h_0 和土壤含水量 θ_0，

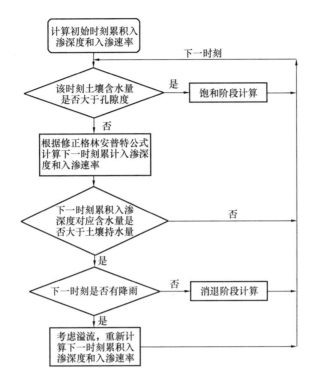

图 6.2-1 下渗模型计算流程

用式（6.2-3）计算出 F_0，再用式（6.2-2）计算出 f_0，作为初始条件。

（2）已知某一时刻 t 的降雨强度 i_t，表面积水深度 h_t，和土壤含水量 θ_t，若此时含水量大于土壤孔隙率（$\theta_t > \eta$），则进入第 6 步饱和阶段计算，否则，根据式（6.2-4）计算下一时刻的累积入渗深度 $F_{t+\Delta t}$：

$$F_{t+\Delta t} = F_t + K\Delta t + (\psi - h_t)\Delta\theta\ln\left[\frac{F_{t+\Delta t} + (\psi - h_t)\Delta\theta}{F_t + (\psi - h_t)\Delta\theta}\right] \qquad (6.2\text{-}4)$$

由于该式无法直接求解，可以采用牛顿迭代法进行求解。

（3）检查 $F_{t+\Delta t}/D$ 是否超过土壤持水量 θ_f，若 $F_{t+\Delta t}/D < \theta_f$，此时无溢流发生，返回第 2 步进行下一时刻计算。若 $F_{t+\Delta t}/D \geqslant \theta_f$，则进入第 4 步。

（4）检查此时是否有降雨，若无降雨，则进入第 7 步消退阶段计算，否则根据式（6.2-5）计算溢流，

$$q_{t+\Delta t} = c\frac{F_t^a}{\Delta t} \qquad (6.2\text{-}5)$$

其中 a 与 c 分别为表示溢流与累积入渗深度关系的形状参数和尺度参数，通过模型率定得到。

（5）根据第 4 步中计算得到的溢流重新计算下一时刻的累积入渗深度 $F_{t+\Delta t} =$

$\max \{D\theta_{\rm f}, F_{{\rm t}+\Delta {\rm t}} - \alpha q_{{\rm t}+\Delta {\rm t}}\Delta {\rm t}\}$ 和表面积水深度 $h_{{\rm t}+\Delta {\rm t}} = \max \{0, h_{\rm t} - (f_{{\rm t}+\Delta {\rm t}} - q_{{\rm t}+\Delta {\rm t}})\Delta t\}$，其中 α 待率定。再返回第 2 步进行下一时刻计算。

（6）饱和阶段。根据达西定律计算溢流：

$$q_{{\rm t}+\Delta {\rm t}} = K\frac{D + h_{\rm t}}{D} \tag{6.2-6}$$

（7）消退阶段。假定湿润锋按式（6.2-6）与式（6.2-6）进行消退，

$$q_{{\rm t}+\Delta {\rm t}} = q_{\rm t}e^{-\lambda} \tag{6.2-7}$$

$$F_{{\rm t}+\Delta {\rm t}} = F_{\rm t} - \beta q_{{\rm t}+\Delta {\rm t}}\Delta {\rm t} \tag{6.2-8}$$

其中 λ 和 β 待率定。直到土壤含水率降至土壤持水量 $\theta_{\rm f}$ 后，根据蒸散作用符合指数衰减的假设：

$$F_{{\rm t}+\Delta {\rm t}} = F_{\rm t}e^{-b} \tag{6.2-9}$$

若期间又有降雨发生，则继续从第 2 步开始进行计算。

图 6.2-2 为美国俄勒冈州波特兰市汉密尔顿大厦西翼所设计的绿色屋顶，其监测数据用于检验该模型。屋顶面积约 $243{\rm m}^2$，纵向坡度约 2.1%，种植有蝎子草，土壤深 1.2m，其中含有 20% 纤维，10% 堆肥，22% 粗粒珍珠岩和 28% 砂质壤土。出流雨水流量通过 60° 三角堰测量。屋顶安装有雨量计，记录 5min 步长降雨。

图 6.2-2　美国俄勒冈州波特兰市汉密尔顿大厦西翼屋顶

表 6.2-1 为用于参数率定的两场降雨特征。

通过率定确定介质土持水量和孔隙度分别为 0.35 和 0.41，与厂家提供参数范

围相符。图 6.2-3 为这两场降雨的率定结果。

两场典型降雨特征　　　　　　　　　　　　　　　　　表 6.2-1

时间	历时（小时）	峰值雨强（mm/h）	重现期（年）
2002 年 2 月 23 日	5	57.9	2
2002 年 1 月 5～7 日	59.3	27.4	0.57

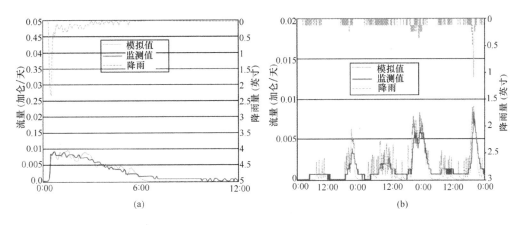

图 6.2-3　绿色屋顶案例率定结果

从图 6.2-3 中可以看到，率定结果与监测结果非常吻合，对于 2 月份短历时这场降雨，总流量体积误差仅有 1%，而 1 月份长历时降雨的总流量体积误差为 7%。为了进一步验证该模型，该案例选取了 2003 年 12 月 4 日到 2004 年 1 月到 24 日的连续监测数据进行模拟验证。从图 6.2-4 的对比结果可以看到，即使模拟时间长达

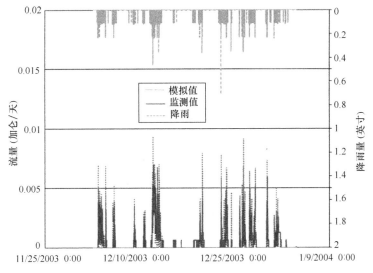

图 6.2-4　绿色屋顶连续监测结果与模拟结果对比

1 月多，该模型的模拟结果也非常好，总流量体积误差为 10%。

6.2.2　生物滞流单元案例

该案例采用了一款农业排水模型 DRAINMOD 对生物滞流单元进行模拟[58]。由于 DRAINMOD 模型输出的时间步长是以天为单位的，难以表现暴雨，尤其是短历时暴雨期间的情况，因此 Lisenbee 等对其进行了改进，并用美国俄亥俄州克利夫兰乌苏林学院的生物滞流单元数据对改进后的模型进行了验证。图 6.2-5 为案例所用生物滞流单元示意图，表 6.2-2 为其设计参数。该设施附近装有气象站，用于收集风速、风向、气温、相对湿度、日照辐射强度。雨量通过倾斗式雨量器监测，精度为 0.254mm。由于降雨通过地表漫流进入该生物滞流单元，难以测量其径流时间序列，故在本案例中该设施的入流通过 SWMM 模型进行模拟，出流则由安装在排水沟末端的 60°三角堰测量。

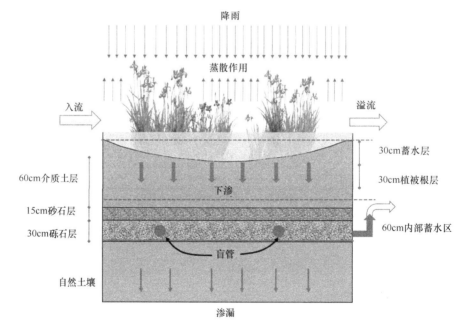

图 6.2-5　乌苏林学院生物滞流单元示意图

乌苏林学院生物滞流单元设计参数　　　　　　　　表 6.2-2

设计参数	数值
流域面积	3600m²
不透水面积百分比	77%
生物滞流单元占地面积	182m²
表层蓄水深度	0.3m
覆盖物厚度	0.08m

设计参数	数值
介质土厚度	0.6m
砂石层厚度	0.15m
砾石层厚度	0.3m
盲管直径	10cm
介质土组成	87%砂土、4%粉土、9%黏土
介质土有机物含量（重量计）	4.3%
介质土饱和水力传导系数	168mm/h
植被	非禾本科杂草

图 6.2-6 为 DRAINMOD 模型水文过程的概化图。

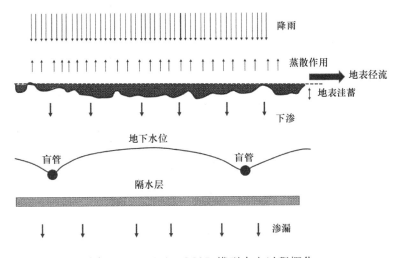

图 6.2-6 DRAINMOD 模型水文过程概化

需要输入 DRAINMOD 模型的主要参数分为四类：排水设计参数、土壤参数、天气气候参数、植被参数。表 6.2-3 列出了模型所需要的各个参数。

DRAINMOD 模型输入参数　　　　　　　　表 6.2-3

参数	初始值	率定值
系统设计		
盲管深度（cm）	107	107
盲管间隔（cm）	597	597
盲管半径（cm）	5	5
表层到底层实际深度（cm）	112.5	112.5
盲管出流系数（cm/day）*	25	300
初始地下水位（cm）	112.5	112.5

117

续表

参数	初始值	率定值
表层最大蓄水深度（cm）	30	30
底层渗透		
含水层水压（cm）*	53	12
阻隔层厚度（cm）*	55	20
阻隔层渗透速率（cm/h）	0.437	0.437
各层结构		
覆盖物深度（cm）	7.5	7.5
覆盖物渗透速率（cm/h）	50	50
介质土深度（cm）	67.5	67.5
介质土渗透速率（cm/h）*	16	35
砂石层深度（cm）	97.5	97.5
砂石层渗透速率（cm/h）*	15	45
砾石层深度（cm）	112.5	112.5
砾石层渗透速率（cm/h）	200	200
植物		
根系深度（cm）	30	30

* 需要率定参数。

其中大多参数由实际设计决定，难以确定的参数需要进行率定。天气气候参数根据监测数据输入，根系深度考虑到监测阶段杂草未完全生长，故将其设置成 30cm。

该案例选取了长达 7 月的监测数据中 12 场发生盲管出流的降雨对改进后的模型进行评价，其中 4 场降雨发生溢流。图 6.2-7 和图 6.2-8 分别为采用分钟级降雨，

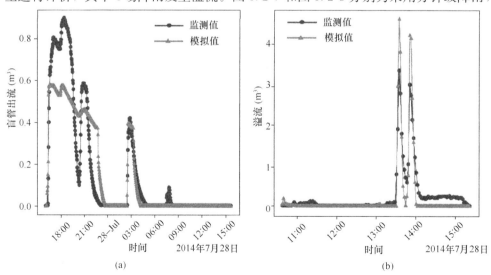

图 6.2-7　改进前 DRAINMOD 模型结果

（a）第 6 场降雨盲管出流；（b）第 4 场降雨溢流

改进前后第 4 场和第 6 场降雨的模拟结果。

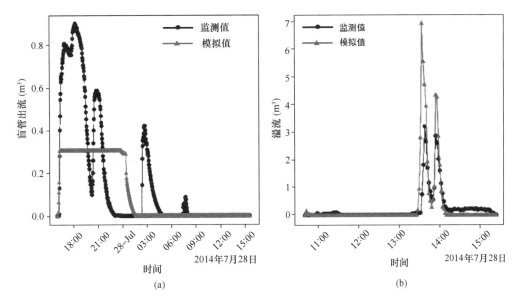

图 6.2-8 改进后 DRAINMOD 模型结果

(a) 第 6 场降雨盲管出流; (b) 第 4 场降雨溢流

从图中可以看到原 DRAINMOD 模型无法模拟分钟级降雨。对于第 6 场降雨,原模型的盲管出流存在一个"平台期",与监测曲线形状差异非常大。而对于第 4 场降雨,虽然原模型的溢流曲线形状相近,但峰值存在较大差异。采用改进后模型,结果有明显的改善。

对于所有 12 场降雨而言,改进后模型的对各场降雨的表现各有不同。表 6.2-4 为各场次的模拟结果。

改进后 DRAINMOD 模型所有降雨结果   表 6.2-4

降雨序号	降雨量(mm)	盲管出流纳什系数	溢流纳什系数
1	42.9	0.40	—
2	97.0	0.34	−0.10
3	17.3	−1.75	—
4	45.0	0.65	0.74
5	5.1	—	—
6	86.1	0.80	−1.59
7	46.2	0.58	—
8	28.2	−0.97	—
9	42.4	0.39	—
10	48.3	0.63	−0.59
11	20.8	−0.82	—
12	39.6	0.68	—

119

　　整体而言，对于溢流的模拟不佳，除第 4 场降雨外所有溢流的结果纳什系数均小于 0。第 5 场降雨虽然有监测到盲管出流，但模型结果为全部下渗，没有盲管出流，与实际不符。第 6 场降雨虽然盲管出流结果非常好，但溢流模拟却非常差。所有降雨中只有第 4、7、12 场降雨结果较为满意。因此，要将改进后的 FLOWMOD 型成功应用到 LID 设施模拟中，还需要更多数据对参数进行率定，甚至需要对模型做进一步修改。

第7章 应用案例

7.1 老旧小区改造案例

7.1.1 研究背景

20 世纪 80 年代以来，随着改革开放和社会经济迅猛发展，中国的城镇化进程大大加快。根据人口普查资料显示，1978~2018 年我国城镇人口规模从 1.72 亿增加到 8.31 亿，城镇化率由 17.92% 上升至 59.28%。联合国开发计划署预测，到 2030 年中国城镇化水平将达到 70%，届时中国城镇人口总数将超过 10 亿人。城镇化是推动我国经济增长的巨大引擎和扩大内需的潜在动力，也是现代化建设的必然趋势；然而，城镇化对生态环境带来的挑战不容忽视。相关学者研究表明，近 40 年以来超过 118205km² 的下垫面属性由天然林地与农田替代为不透水路面、房屋等，如北京市在 1990 年至 2016 年，建成区面积扩大了至少 5 倍。当前，中国城镇人口居住面积已达到 209950km²，并仍以较快的速度持续增长。人口的过度密集、空间过度扩张、城市发展规划的不合理、产业结构的失调和以人类为中心的发展策略等问题导致城市生态格局、生态过程与服务功能发生恶化，对区域的大气、水、生态环境造成重大负面影响，严重制约着城市生态系统的健康与可持续发展。我国城市水生态面临两个极端，一方面城市内涝严重，城市内涝灾害现象呈现常态化，严重影响城市的正常运行，滞后的雨洪管理模式成为影响城市发展的安全隐患；另一方面大部分城市缺水严重，水资源供应严重不足。除此之外，气候变化引起区域极端降雨事件频发，进一步加剧了城市的水安全问题。

当前，以雨水管网为主的"快排模式"仍是我国城市雨洪管理的主要方式。尽管自 2000 年以来，北京、上海等城市已经开展雨洪控制利用的研究和工程应用，在技术与管理方面取得了快速进展，但总体上我国城市的市政、水务及环境等相关领域的工程设计、建设与管理体系仍限于传统体系，偏重于防洪排涝控制和雨水的安全排放。相对滞后的雨洪管理模式已无法满足当前城市雨水资源的管理需求，近

121

年来，我国城市内涝现象极为严重，根据针对我国 500 多个城市的统计数据，其中有高达 300 多个城市发生过城市内涝；且近年来呈加剧趋势，2008 年以来我国每年洪涝成灾的县级以上城市都在 130 座以上，2010 年高达 258 座。城市内涝灾害对我国城市居民生命财产安全造成极大威胁，例如，2012 年北京市 7.12 特大暴雨造成 79 人遇难，经济损失近百亿元；2016 年 6 月，武汉市降雨量高达 932mm，市政道路积水造成交通瘫痪，市内受灾企业多达 323 家，直接经济损失共计 8.51 亿元。根据统计，2010 年以来，年均损失达千亿元以上，全国有 15 个省份的损失过百亿；2011 年城市内涝最为严重，全国城市总计经济损失达到 4000 亿元。

在"十三五"规划里，城市发展与生态文明建设成为社会讨论的焦点，为了解决传统城镇化引起的水资源污染和短缺问题，"海绵城市"的建设成为新型城镇化发展的重要方向。海绵城市是通过加强城市规划建设管理，充分发挥建筑、道路和绿地、水系等生态系统对雨水的吸纳、蓄渗和缓释作用，将城市建成自然积存、自然渗透、自然净化的海绵体。海绵城市除了是治理城镇化水资源短缺的武器，对提高城市防洪排涝减灾能力也具有重要贡献。2015 年 10 月，国务院办公厅下发的《国务院办公厅关于推进海绵城市建设的指导意见》（国办发〔2015〕75 号）提出，通过海绵城市建设，综合采取"渗、滞、蓄、净、用、排"等措施，最大限度地减少城市开发建设对生态环境的影响，将 70％的降雨就地消纳和利用；到 2020 年，城市建成区 20％以上的面积达到目标要求；到 2030 年，城市建成区 80％以上的面积达到目标要求。另外，海绵城市建设也会改变现有城市水循环格局，通过城市植被、湿地、坑塘、溪流的保存与修复，城市绿地增加，刺激自然循环系统，减少城市热岛效应，对城镇小气候有效调节，从而改善城市生态环境和居民的居住环境。为贯彻落实国家、省、市海绵城市建设的相关要求，有效缓解城市内涝、节约水资源，保护和改善城市生态环境，建设具有自然积存、自然渗透和自然净化功能的海绵城市是十分必要的。建设海绵城市是贯彻落实绿色发展理念的一场重大绿色变革。坚持以人民为中心的发展理念，实现人民对美好生活的向往，促使城市提高生态治理和生态智慧水平，确保城市绿色宜居和可持续发展，构建资源节约型、环境友好型、生态安全型和人口均衡型社会，都突出了海绵城市建设的价值意蕴。

7.1.2 项目区概述

镇江市地处中国华东地区、江苏省西南部（北纬 31°37′～32°19′、东经 118°58′～119°58′），是江苏省地级市，长江三角洲中心区 27 城之一。截至 2018 年，全市下辖 3

个区，分别为京口区、润州区和丹徒区，代管 3 个县级市，分别为丹阳市、扬中市和句容市，总面积 3847km²，建成区面积 179km²，常住人口 319.64 万人，城镇人口 227.72 万人，城镇化率 71.2%。2019 年，全年实现地区生产总值 4127.32 亿元。

2015 年，镇江市与其他 15 座城市一同入选国家首批海绵城市建设试点城市，其中，镇江市的海绵城市建设试点区域面积为 40.8km²。镇江市共立项 301 个海绵城市建设项目，按照排水系统分类，源头项目共有 252 项，过程项目共有 6 项，末端项目共有 43 项目。其中，江滨新村 30 号社区海绵城市改造是重要的源头项目之一。

江滨新村 30 号社区位于镇江市京口区，为一个封闭式老旧居民小区，周边分别为江滨路、松盛园、镇江市

图 7.1-1　江滨新村 30 号社区区位及周边情况示意

社区科普大学和江滨实验小学。该社区占地面积 2.3hm²，共有 17 栋 4 层居民楼，绿地面积仅有 2063m²，占总面积的 9.1%。社区居民共约 400 人，以老龄人口为主。江滨新村 30 号社区区位及周边情况见图 7.1-1；社区下垫面分布情况如图 7.1-2 所示，

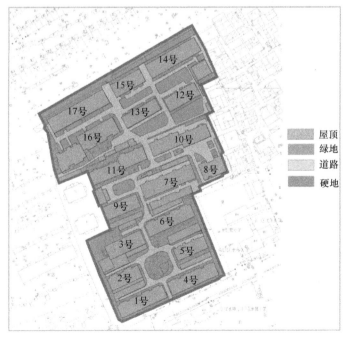

图 7.1-2　江滨新村 30 号社区下垫面情况

123

主要分为屋顶、绿地、道路和硬地，其中屋顶、道路和硬地均属于不透水地面，绿地属于透水地面。

7.1.3 项目区现状情况及问题

江滨新村 30 号社区整体较为平坦，坡度较小，仅社区北部片区与江滨路衔接处坡度较大；社区北部片区（12～17 号）绿地条件较好，社区南部片区（1～11 号）基本无绿化。社区北部片区居民楼北侧雨水立管存在雨污管混接，南侧基本为纯雨水立管；社区南部片区居民楼南北两侧均存在雨污管混接现象，且雨落管较为陈旧、

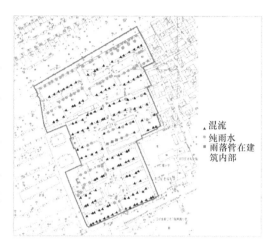

图 7.1-3 江滨新村 30 号社区居民楼
两侧排水立管情况汇总

破损严重（图 7.1-3）；社区南部片区排水体制为雨污混流，北部片区排水体制为雨污分流。此外，社区道路较为狭窄，宽度为 3m 左右，南部片区居民楼前道路布满青苔，雨季积水现象较为严重。社区海绵城市改造前现状如图 7.1-4 所示。

图 7.1-4 江滨新村 30 号社区海绵城市改造前现状

7.1.4 社区海绵城市改造方案

7.1.4.1 设计目标

镇江市属北亚热带季风气候，2018 年全市年平均降水量 1222.3mm。根据镇江市海绵城市建设试点实施方案相关要求，江滨新村 30 号社区海绵城市建设需要达到以下 2 个强制性目标：（1）年径流总量控制率为 80%，对应设计日降雨量为 31.8mm；（2）排水防涝标准达到有效应对 30 年一遇降雨。

7.1.4.2 设计策略

根据设计目标，海绵城市改造设计策略为：（1）将居民楼之间的宅前绿地改造成生态停车场，雨水花园与透水铺装相结合；（2）尽可能利用道路旁绿化带，将其改造成下凹式绿地，以解决道路地表径流；（3）结合社区要求，在保证部分绿地的前提下尽量增加停车位。

7.1.4.3 设计方案

根据海绵城市改造设计策略，结合场地改造难易程度，形成一套完善的海绵城市改造设计方案，图 7.1-5 所示为江滨新村 30 号社区海绵城市改造设计方案平面布置。其中，社区北部片区改造主要为将居民楼之间的现状绿地改造为雨水花园，以处理相应汇水区范围内的雨水径流；结合正在施工的社区燃气改造工程，将开挖

图 7.1-5　江滨新村 30 号社区海绵城市改造设计方案平面布置

125

的地块改造为透水铺装路面；9 号和 11 号居民楼之间为小区低洼地块，排水不畅，雨季积水较为严重，在其地下设计新增蓄水模块；社区南部片区道路环岛四周现场改造条件较差，无法设置海绵设施，因此，在环岛下设计新增蓄水模块，以提升社区排水防涝能力。

具体设计方案为：（1）1～6 号居民楼之间的中间环岛景观重新规划，将道路直线连通，中间设一条 5m 的车行道，西边生态停车场，东面结合 LID 改造成休闲用地。地下设置蓄水模块。主要通过线性排水和地表径流收集 1～6 号居民楼大部分屋顶的雨水径流；（2）在 9 号与 11 号居民楼之间的小广场用地结合景观改造成生态停车场，铺装下设置调蓄模块，宅前现有的植草砖区域改造成透水铺装；（3）在 13 号居民楼南侧设置 98m² 的雨水花园和 139m² 的透水铺装；（4）在 14 号和15 号居民楼北侧设置 306m² 植草沟，收纳处理其北侧屋顶产生的雨水径流。

江滨新村 30 号社区海绵城市改造海绵设施设计方案技术指标具体见表 7.1-1。

江滨新村 30 号社区海绵城市改造海绵设施设计方案技术指标　　表 7.1-1

指标名称		数量	单位
总用地面积		2.58	hm²
建筑数量	住宅	17	栋
	其他	8	栋
建筑基底总面积		8328	m²
建筑密度		32.28	%
海绵设施	雨水花园	1301.8	m²
	透水铺装	2939.6	m²
	生态草沟	306.2	m²
	小计	4547.6	m²
混流管改造需要新建雨水立管		139	根
现有雨水立管断接改造		78	根
雨水立管不可改造		4	根
年径流总量控制率		80	%
对应设计降雨量		31.8	mm

7.1.5　基于 SWMM 模型的设计方案验证

7.1.5.1　SWMM 模型介绍

SWMM 模型是美国环保署开发的动态降雨径流模拟模型，包含水文、水动力、水质模块。SWMM 主要应用于规划和设计阶段，它具备模拟城市降雨径流产汇流过程和污染物迁移扩散过程的功能。该模型把每一个汇水分区概化为透水地面和不透水地面两部分，可选择下渗扣损法或 SCS 曲线数法计算产流，坡面汇流采用非线性水库法，管网汇流可选用恒定流演算、运动波演算和动力波演算三种计算方法。SWMM5.0 版本模型新增低影响开发（LID）模块，通过对场次降雨事件及长期连续降雨事件的模拟，实现对 LID/BMPs 设施设计的计算，为国内外最主要的低影响开发设施的计算模型。SWMM 模型 LID 模块提供了生物滞留、渗透铺装、渗透沟渠、雨水调蓄设施、植草沟五种分散的雨水处置技术，通过对调蓄、渗透及蒸发等水文过程的模拟，结合 SWMM 模型的水力模型和水质模块，实现 LID 技术措施对场地径流量、峰值流量及径流污染控制效果的模拟。在项目方案设计阶段，在海绵设施的位置和面积确定后，可根据设计参数设置模型中设施各结构层具体参数，模拟过程中的水平衡，跟踪水体在各 LID 层次之间的迁移，以评估海绵设施的性能和效能，通过不同海绵城市改造方案比选，达到优化设计方案的目的。

7.1.5.2 项目区域模型构建

根据江滨新村 30 号社区下垫面、排水管网、排口等现状情况，构建江滨新村 30 号社区两种情景 SWMM 模型，分别为现状排水和海绵城市改造方案（图 7.1-6）。SWMM 模型中的参数包括汇水区、管网和水质参数，本研究参考《SWMM 用户手册》以及当地已有研究成果对模型参数进行设置，确保模型模拟能够相对接近当

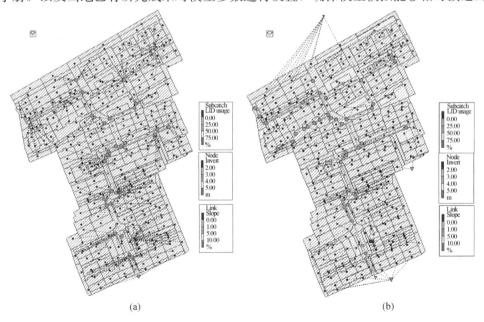

(a)   (b)

图 7.1-6 江滨新村 30 号社区 SWMM 模型构建

（a）现状情况；（b）海绵城市改造方案

地的降雨汇流特性以及径流污染的累积冲刷特点。

根据镇江市当地暴雨雨型分别生成 2h 降雨历时 1 年和 2 年一遇 5min 间隔的降雨时间序列，和 24h 降雨历时 5、10、20 和 30 年一遇及日降雨量 31.8mm 对应的 5min 间隔的降雨时间序列。基于不同降雨强度所对应的降雨时间序列，应用江滨新村 30 号社区 SWMM 模型分别模拟两种情景下对雨水径流的控制能力和小区管网排水能力。

7.1.5.3　改造方案评估

图 7.1.7 为 SWMM 模型模拟结果。如图所示，海绵城市改造对江滨新村 30 号社区地表雨水径流具有显著控制作用，雨水径流峰值由现状的 0.48m³/s 降至 0.20m³/s，峰值降低幅度达 58%。此外，海绵城市改造也能有效延缓雨水径流峰值 5~10min。根据模型结果，小区日降雨量 31.8mm 对应的总降雨量为 690m³，改造前小区雨水径流总量为 600m³，小区场次雨水径流系统为 0.87；海绵城市改造后小区雨水径流总量为 280m³，小区场次雨水径流系统为 0.42，通过海绵城市改造总径流量能力削减 53%。

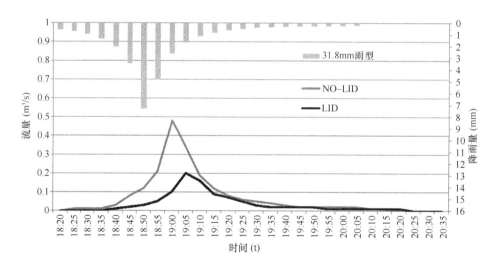

图 7.1-7　海绵城市改造方案对社区雨水径流控制效果对比图

为了进一步控制小区雨水径流，需要在小区增加蓄水模块，用于雨水径流的调蓄。根据江滨新村 30 号社区现状情况，分别在 9 号与 11 号居民楼之间和 1~6 号居民楼之间的环岛处设置蓄水模块，蓄水模块布置平面见图 7.1-8。利用模型计算可得，9 号与 11 号居民楼之间蓄水模块容积为 90m³；而 1~6 号居民楼之间的环岛处蓄水模块容积为 80m³，即可达到设计目标要求。

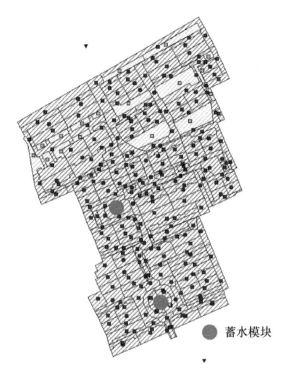

图 7.1-8　江滨新村 30 号社区海绵城市改造中蓄水模块布置图

7.2　基于气候变化的区域降尺度气象研究案例

7.2.1　研究背景

全球气候变化和温室效应是未来全球需要共同面对的主要环境问题之一。政府间气候变化专门委员会（IPCC）发布的第 5 次评估报告对全球气候变化的研究表明近 130 年来全球地表年平均气温升高 0.85℃。世界气象组织（WTO）最新发布的《全球气候状况公报》指出：2015 年全球地表平均温度比 1961～1990 年间平均值高 0.76℃，比工业化前平均温度高 1℃。全球和我国的观测资料均证实 1999～2008 年间我国平均温度以 0.4～0.5℃ 每 10 年的速度持续上升。IPCC 第 5 次评估报告认为，随着地表温度持续上升，极端高温事件频率将更高、时间更长，超强降雨事件发生的次数也将更多。同时，气候变暖导致的冰雪融化和海水膨胀造成海平面上升，将进一步危及沿海地区安全。

全球气候变化和温室效应造成的海平面升高、台风频率强度增多增大及城市热岛和雨岛造成的短历时、超强降雨事件频发是珠海市未来必然要应对的主要自然灾

129

害。然而，实际工作中很难将气候变迁和温室效应引起的极端事件进行量化，如发生的地点、时间、频率和强度等，因此，在市政规划、工程设计和项目实施中很难针对以上自然灾害直接采取预防措施。目前，我国的城市发展防洪防涝规划、工程设计、施工建造和运营维护，都基于过去数十年的历史数据，而并未将未来几十年气候变迁对区域的安全风险纳入当前基础设施的规划和建设设计，现在投入巨额资金所建成的城市基础设施无法保证能够有效地应对今后几十年由气候变化所带来的极端气象事件频发、水文循环改变、海平面上升对城市水安全、水环境和水生态的威胁。因此，极端气象灾害对应急需对未来数十年的气候变化进行科学预测，量化区域内极端事件可能发生的频率、强度等，以期建立适应于气候变化的防灾减灾规划体系。

过去 20 年来，随着计算机技术的不断创新和云计算、大数据等新兴技术在研究中的大量运用，针对气候变化的研究发展十分迅速，应用区域尺度的数字化大气气象物理模型和统计模型可以相对精确地预测未来不同时间尺度的极端事件发生的频率和强度。当前，利用大气气象模型可以预测未来 20～30 年内珠海市发生极端事件的变化趋势，如台风和超强降雨事件等，为城市规划建设、政府防灾减灾规划的制定提供系统的、科学的辅助决策依据。

7.2.2　研究区域

珠江三角洲（Pearl River Delta，PRD）地区位于中国广东省中南部，面积 7500km²，是中国经济最发达的地区之一。其中，珠海市是珠海三角洲中心城市之一，也是粤港澳大湾区重要节点城市。珠海市位于广东省中南部，东与香港、深圳市隔海相望，南与澳门特别行政区相连，与澳门特别行政区相距 9km，横琴新区与澳门特别行政区隔江相望。西邻江门市，北与中山市接壤。设有拱北、九洲港、珠海港、万山、横琴、斗门、湾仔、珠澳跨境工业区、港珠澳大桥珠海公路口岸等国家一类口岸 9 个，是珠三角中海洋面积最大、岛屿最多、海岸线最长的城市，素有"百岛之市"之称。自改革开放以来，珠海市已经由普通小渔村快速发展为重要的工业城市。当前，珠海市作为广东省的一座副省级城市，拥有陆域面积 1711km²，下辖 3 个行政区（香洲区、斗门区、金湾区），15 个镇，10 个街道，5 个经济功能区（横琴新区、珠海高新技术产业开发区、珠海保税区、珠海高栏港经济区、珠海万山海洋开发试验区）。2019 年，全市实现地区生产总值（GDP）3435.89 亿元，常住人口达到 202.37 万人。

近年来极端降雨事件频发，对珠海地区造成严重破坏，人民群众的生命财产蒙受巨大的损失。例如，2017年的"天鸽"台风和2018年的"山竹"台风连续两次重创珠海地区，造成多人伤亡和超过107亿人民币的财产损失。研究表明，由极端降雨事件引发的洪涝灾害已经成为珠海市、澳门特别行政区等珠三角沿海城市最主要的自然灾害威胁。

7.2.3 区域气象模型构建

7.2.3.1 模型介绍

区域模拟与预报数字模型（Weather Research and Forecasting Model，WRF）是最新一代的区域尺度的气象模型。WRF模型由美国国家大气研究中心（NCAR）等美国的科研机构为中心研发，于2000年完成第一版本。WRF模式为完全可压非静力模式，具有可移植、易维护、可扩充、高效率、方便性等诸多特性，其为改进从云尺度到天气尺度等不同尺度重要天气特征预报精度的工具。WRF模型中水平方向采用Arakawa C网格形式，垂直方向采用跟随质量坐标，运动方程采用通量形式，拥有更加强大稳定的动力框架。此外，WRF模式继承和发展了MM5中微物理参数化方案、多重嵌套网格以及同化等功能，主要用于1～10km水平网格下的大气科学研究和数值预报。随着2004年向社区发布WRFv2.0版本，WRF建模系统开始广泛用于各种领域的研究中，包括风暴规模研究和预测，空气质量模拟，野火模拟，飓风和热带风暴预测，区域气候研究等。WRF模式分为ARW（the Advanced Research WRF）和NMM（the Non-hydrostatic Mesoscale Model）两种，即研究用和业务用两种形式，分别由NCEP和NCAR管理。

WRF系统包括：（1）WRF模型程序；（2）用于为理想化，实数据和单向嵌套预测产生初始和横向边界条件的预处理器（WPS）；（3）用于分析和可视化的后处理器（ARW-post），以及（4）三维变化数据同化（3DVAR）程序。目前，WRF模式已经发展为一种非常成熟的区域气象模型。

在使用WRF模拟大气的过程中，往往由于模式分辨率不足等原因，对次网格尺度的物理过程不能很好地描述，需要诸如辐射、边界层、微物理等物理过程参数来完善模拟的效果。最新的WRF模型中包含以下大气物理过程参数，在针对区域尺度的模拟研究中，必须针对本地的气象、地形等条件对WRF模型的大气物理参数进行选择优化，选择出一套符合本地气象条件的物理参数组合。

7.2.3.2 区域气象模型参数化方案优化

珠海市地处珠江口西岸，濒临广阔的南海，属典型的南亚热带季风海洋性气候。珠海常受南亚热带季候风侵袭，多雷雨。4 月至 9 月盛行东南季风，为雨季，降水量占全年的 85％；10 月至次年 3 月盛行东北季风，为旱季。珠海地区的极端降雨事件通常与台风事件相关。因此，为了精细化研究珠海地区的极端降雨事件，将 WRF 模型的平面分辨率选择为 4km×4km 的网格，垂直方向共分为 27 层。为了精细化模拟针对珠海地区的极端降雨事件，选择以珠海市为中心的 4km×4km 欧拉质量网格模拟区。为了能够真实反演中国地区台风的生成、移动和消散整个的过程，在模型中加入部分东海、南海地区。WRF 模式运行需要提供模拟区域高精度下垫面和地形静态数据文件作为模型运行的必要输入文件之一，本研究所需要数据获取于 WRF 用户网站（http：//www2. mmm. ucar. edu/wrf/users/download/get_sources_wps_geog. html）。气象模型模拟区域包括中国的华东、华南地区，部分南海、东海地区，其中珠海市区域范围网格如图 7.2-1 所示。

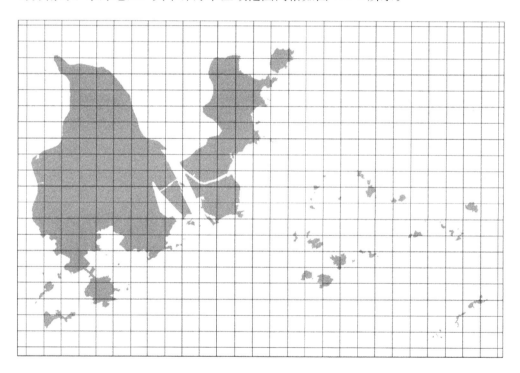

图 7.2-1　WRF 模型模拟珠海市区域范围网格

采用正交实验（L25（56））设计对模型的不同参数方案进行评估和优化，以期得到一套适用于珠海地区的气象模型物理参数化方案组合。以 5min 时间间隔降雨量和风速风向等变量作为目标变量，通过模拟历史极端降雨事件（2017 年台风"天鸽"和 2018 年台风"山竹"），对比不同组合物理参数化方案对结果的影响，对不同参数组合下的模型性能进行评估。同时，考虑到不同参数方案之间的交叉影响，对参数之间的互相作用也同时采用正交实验设计［L8（24）］进行了相关评估。通过对 WRF 模型的不同参数化方案组合的评估，得到一组符合珠海本地区的参数方案，详见表 7.2-1。

珠海地区 4km×4km 模拟参数化最优方案　　　　　　　表 7.2-1

大气物理模型机理	选择方案
微气象	Thompson
积云	无
边界层	YSU
辐射	RRTM
下垫面	Noah

7.2.4　珠海市历史极端降雨事件反演

本研究采用基于历史全球大气环流模型（Global Climate Model，GCM）和全球地表监测站点的观测数据重新分析得到的 ERA-Interim 粗网格（1.5～2.5 度平面分辨率）数据，为区域气象模型 WRF 的运行提供驱动。本项目所需数据获取于 NCAR Research Data Archive（NCAR RDA）数据库（https：//rda. ucar. edu/），选择 ERA-Interim Project（ds627.0）数据作为必要气象数据输入。

截至目前，珠海市共建有气象监测降雨和风速风向自动监测站点 48 个，其中包括 2 个国家级监测站点（编号：59487 和 59488）和 46 个区域站点，分别分布在辖下的香洲区、金湾区、斗门区及横琴新区（图 7.2-2）。本研究通过珠海市气象局获取了自 1999 年第一个地方气象站建站以来的长期 1h 间隔降雨数据。本研究以珠海市地面气象站点历史观测数据（1h 时间分辨率）为基础，对 WRF 模型输出结果包括降雨量数据和风场，进行校正。采用 WRF 模型针对 1999～2018 年珠海市地区的发生的历史性极端降雨事件进行模拟。针对单次降雨事件，模拟包括：降雨事件前、降雨事件和降雨事件后三个阶段，降雨事件前时间为 7 天，用于稳定模拟的大气环境；降雨事件时间为 7 天，用于模拟极端事件（主要为台风）的生成、移动和登陆过程；降雨事件后时间为 2 天，用于模拟台风登陆后的降雨过程。

7.2.4.1　珠海市部分气象站点极端降雨分析

（1）部分站点历史极端降雨事件模拟结果

本研究对珠海历史地区的极端降雨事件进行模拟分析，并基于观测站点数据对模型结果进行校正，以确保模型结果能够准确预测未来珠海市极端降雨事件趋势。

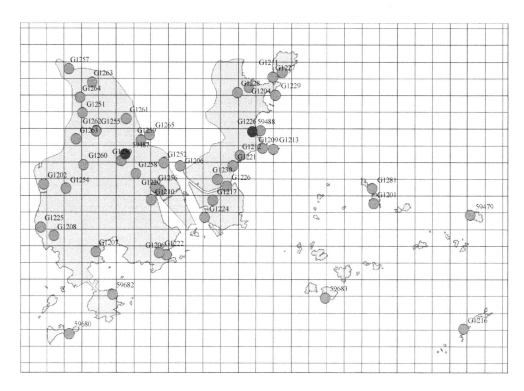

图 7.2-2　珠海市区域内气象自动监测站点分布示意图

选取珠海市不同区域气象站点，以研究极端降雨事件的最大日降雨量空间分布差异。图 7.2-3 为部分气象站点模型极端事件对应的 24h 最大降雨量（mm）变化趋势。从图中可以看出，同一场次的极端事件所造成的强降雨在不同站点均有影响，因此，可以判定极端事件对珠海市整体区域都会造成相应的影响。但是，极端降雨

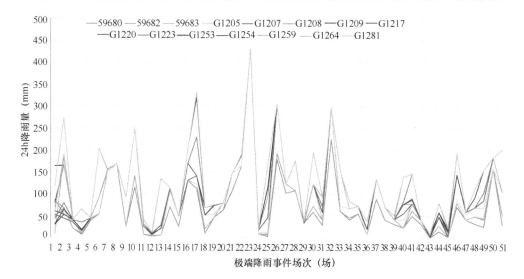

图 7.2-3　不同极端事件对应的 24h 最大降雨量（mm）分布

事件所对应的最大降雨量在珠海不同地区分布存在明显差异，同时，不同场次降雨事件的最大 24h 降雨量也存在明显差异。因此，有必要通过不同站点的降雨量观测数据对模拟结果进行细化校正。

图 7.2-4 为部分气象站点模拟极端事件对应的 1h 最大降雨量（mm）变化趋势，与 24h 最大降雨量相比，1h 最大降雨量在珠海市不同地区的空间分布存在更为显著的差异性，其主要原因是极端降雨事件的峰值降雨往往集中在短时间内（通常小于 2～3h），因此，以 24h 为统计单位的总降雨量往往掩盖了极端降雨事件的峰值。为了更精确地预测珠海市地区的极端降雨事件趋势，非常有必要采用更短时间间隔（1h 或更短）的降雨量进行分析。

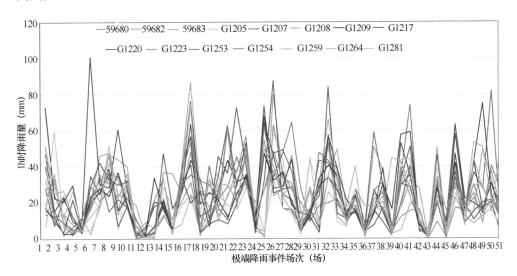

图 7.2-4　不同极端事件对应的 1h 最大降雨量（mm）分布

（2）珠海市部分气象站点处模拟降雨强度

IDF 曲线（Intensity-Duration-Frequency），是指将雨强-历时-重现期（频率）绘制在同一个平面。IDF 曲线是设计排水系统的核心依据，是防治减灾的重要因素之一，通常 IDF 曲线是通过统计分析地区连续多年降雨观测值，提取年极端降雨数据而制成；地方性水利构筑物的设计通常要基于 IDF 曲线，如涵洞、排水系统、滞留池等，绘制 IDF 曲线的两个关键问题是雨量观测站较少，大部分为空白区域，采用 WRF 模型降尺度模拟（4km×4km）珠海市可以弥补数据不足的难题。

极值统计学是当前水文研究当中最重要的研究方法之一，极值统计学中比较常用的分布函数是广义极值分布（GEV），其利用最大似然法则、矩量法和最小二乘法进行拟合，GEV 分布是三种不同分布函数的结合，包括 Frechet（$k>0$），

Weibull（$-k<0$）和 Gumbel（$k=0$），其中 k 是形状参数，如下式：

$$I_{max} = \mu + \left(\frac{\alpha}{k}\right)\left\{\left[-\ln\left(\left(1-\frac{1}{T}\right)\right)\right]^{-k} - 1\right\} \qquad (7.2\text{-}1)$$

其中，k 为形状参数；μ 为位置参数；α 为缩放参数；T 为重现期。

不同重现期的极值可通过 GEV 分布的不同的（$1-1/T$）来获得。

通过对极端降雨事件期间不同站点的降雨量进行极值分析，可以获得珠海市整体区域对应的极端降雨 IDF 曲线特征。表 7.2-2 为部分站点对应的 24h 降雨历时的 2、5、10、20、50 和 100 年重现期的降雨强度数据。如表 7.2-2 所示，不同站点的最大降雨强度存在明显地区分布差异，这种差异主要与珠海市的地形特征及台风事件移动路径等有关。珠海市地区 24 小时降雨历时 2、5、10、20、50、100 年所对应的站点平均最大降雨强度分别为 86、172、249、345、509 和 672mm/d。本研究所得的 50 年重现期 24h 最大降雨强度（509mm/d）略高于当前气象部门提供的 50 年重现期 24h 最大降雨强度（479.6mm/d），表明未来短期内珠海市极端降雨事件有可能会增强，频率会增加。

珠海市地区部分气象站点模拟 24h 降雨历时的最大降雨强度（mm/d）　表 7.2-2

站点	重现期（年）					
	2	5	10	20	50	100
59680	66	142	214	306	469	635
59682	84	177	268	386	601	827
59683	108	209	295	397	563	717
G1205	89	169	237	315	439	553
G1207	60	128	193	277	426	580
G1208	75	161	247	359	567	787
G1209	98	194	280	385	564	737
G1217	108	194	265	345	470	583
G1220	95	189	269	363	514	655
G1223	93	178	252	341	488	628
G1253	81	177	273	399	631	878
G1254	77	167	257	375	593	825
G1259	83	153	206	262	346	416
G1264	85	169	246	341	504	666
G1281	89	169	240	323	461	591
平均值	86	172	249	345	509	672

部分站点对应的 1h 降雨历时的 2、5、10、20、50 和 100 年重现期的降雨强度数据如表 7.2-3 所示。珠海市地区 1h 降雨历时 2、5、10、20、50、100 年所对应的站点平均最大降雨强度分别为 27、44、57、71、91 和 108 mm/h。

珠海市地区部分气象站点模拟 1h 降雨历时的最大降雨强度（mm/d）　　　表 7.2-3

站点	重现期（年）					
	2	5	10	20	50	100
59680	22	37	47	58	73	85
59682	27	43	54	65	81	93
59683	40	60	73	85	100	111
G1205	27	45	59	74	96	115
G1207	20	34	45	57	75	91
G1208	23	40	52	66	86	102
G1209	30	49	62	76	95	110
G1217	33	49	60	69	80	88
G1220	26	48	67	90	127	162
G1223	27	43	56	69	89	106
G1253	27	43	54	65	80	91
G1254	25	44	60	78	105	128
G1259	23	39	52	67	90	110
G1264	26	43	57	72	95	116
G1281	28	45	58	72	92	109
平均值	27	44	57	71	91	108

7.2.4.2 珠海市区域极端降雨分析

本研究通过区域气象模型（WRF）降尺度模拟珠海市地区的历史极端降雨事件，评估珠海市区域历史极端降雨事件时空变化，对珠海不同区域在不同降雨历时（包括 1h 和 24h）对应的各重现期（2、5、10、20、50、100 年）降雨量的区别分布进行评估，以期为政府在不同地区的防灾减灾政策提供一定科学依据。

（1）24h 降雨历时对应的最大降雨强度分布图

WRF 模型模拟所得的珠海地区 24h 降雨历时对应的不同重现期最大降雨强度分布。其中，2 年重现期降雨量在 59～113mm 之间，并存在一定的空间分布特征，其中在东部地区（如香洲区部分地区和横琴新区）降雨量相对较高，而在西部地区（如金湾区和斗门区）降雨量相对较低；10 年重现期降雨量在 173～301mm 之间。其空间分布特征与前述 2 年和 5 年重现期空间分布特征相似，其中在香洲区部分地区和横琴新区降雨量相对较高，而在西部地区（如金湾区和斗门区）降雨量相对较低，但在斗门和金湾地区中部出现一条明显的低降雨带，其可能与台风事件的降雨特征相关；20 年重现期降雨量为 223～414mm，与 2、5、10 年重现期不同，斗门地区西部地区呈现出较高的降雨强度；50 年重现期降雨量为 273～686mm，在地区的空间分布呈现较大的差异。斗门地区西部地区呈现出较高的降雨强度，在斗门和金湾地区中部出现一条明显的低降雨带，在横琴和香洲局部地区出现高降雨强度，其他大部分地区的降雨强度在 460～490mm/d，与当地气象部门提供的 20 年重现期日降雨量（479.6mm/d）相应；100 年重现期降雨量在 310～1019 mm 之间，在空间分布上存在明显差异。最大降雨强度出现在斗门地区西部地区，而在斗门和金湾地区中部出现一条明显的低降雨带并向北延伸，其他地区降雨强度大致在 650mm/d 左右。

（2）1h 降雨历时对应的最大降雨强度分布图

WRF 模型模拟所得的珠海地区 24h 降雨历时对应的不同重现期最大降雨强度分布。其中，2 年重现期降雨量在 18～39mm 之间，其最大值出现在海岛，在斗门、金湾、香洲和横琴地区降雨强度差异较小；5 年重现期降雨量在 31～60mm 之间。与 2 年重现期相似，最大值出现在海岛地区；10 年重现期降雨量在 42～80mm 之间，在香洲西北部和金湾南部局部区域出现较高降雨强度，其中新香洲地区的降雨强度显著高于其他地区；20 年重现期降雨量在 51～118mm 之间，在香洲西北部和金湾南部局部区域出现较高降雨强度，其中新香洲地区的降雨强度显著高于其他地区，斗门和金湾大部分地区的降雨强度相对较低；50 年重现期降雨量在 61～191mm 之间，在香洲西北部（新香洲）和金湾南部局部区域出现较高降雨强度，其他大部分地区的降雨强度差异不大，斗门和金湾大部分地区的降雨强度相对较低；100 年重现期降雨量在 61～191mm 之间，在香洲西北部（新香洲）和金湾南部局部区域出现较高降雨强度，其他大部分地区的降雨强度差异不大，斗门和金湾大部分地区的降雨强度相对较低。

7.2.4.3　城市防灾减灾规划和城市建设相关建议

总体而言，模型研究表明珠海市的最大降雨强度在空间分布上有较大差异，且其空间分布与降雨历时和重现期密切相关。其中，2、5、10、20、50 和 100 年重现期的日降雨对应的区域内降雨强度范围为 59～113、120～209、173～301、223～414、273～686 和 310～1019mm，而 1h 降雨历时对应的区域内降雨强度范围为 18～39、31～60、42～80、51～118、61～191 和 67～273mm。

当前的防灾减灾规划及政策制定过程中，城市建设一般采用同一标准防洪防涝标准，例如，珠海市日降雨量30年一遇为429.9mm，50年一遇为479.6mm，城市涉水建筑建设、城市防灾减灾规划、应急预案等均以此为标准进行设计。然而，本研究模型结果表明，珠海市不同地区的降雨量分布差异性非常显著，如50年一遇日降雨最大值在斗门区的西部可达到638mm/d，而在斗门东、南部分地区仅为300mm/d左右，因此，有必要对2、5、10、20、50、100年一遇的日降雨量和一小时降雨量根据其空间分布情况进行细化，针对不同地区进行差异性分析和评估，制定与相关区域相符的防灾减灾规划和政策措施。

香洲区南部地区人口密度较大为高密度区，且为一级经济区（高），发生灾害损失风险较大。因此，尽管该地区的最大降雨量相对较低，但仍应加强该地区基础设施建设和应急保障建设，以确保其能够有效应对自然灾害。

在城市建设中，对于日降雨量和一小时降雨量较高的地区需要加强其排水管网的建设和维护，以保证雨水径流进入排水管网后能够快速排出，防止内涝发生；同时，需要大力推动珠海市海绵设施的建设，以增加下垫面的透水性，发挥其对降雨的渗、滞、蓄、净、用、排功能，在降雨期间通过下渗作用减少地表径流的产生，延滞洪峰流量，减小排水管网的压力。

7.2.5 珠海市未来极端气象事件变化趋势初步研究

政府间气候变化专门委员会第五次报告（the Fifth Assessment Report of the Intergovernmental Panel on Climate Change，IPCC AR5）指出"1983~2012年可能是过去1400年中最暖的30年，全球气候系统在未来仍将继续变暖"，全球变暖的结论代表了当前国际科学界对气候变化的主流观点。IPCC报告中关于气候变化的很多结论都是基于气候模式的模拟结果。本研究以新一代CMIP5全球气候模式MRI-CGCM3（日本）RCP8.5情景集合模拟结果为区域气象模型WRF的运行提供驱动。本研究模拟1980s、1990s、2000s、2030s、2040s、2050s和2060s共70年，所需气象数据获取于IPCC数据中心（http://www.ipcc-data.org/index.html）。

WRF模型是一款中尺度数字化气象预测模型，模型的计算量与网格的数量息息相关，过细的网格会造成模型计算量过大，对计算资源需求远远超出所能提供的资源，造成计算耗时过高。为了提高WRF模型运行效率，本研究采用36km平面分辨率网格嵌套12km平面分辨率网格的设置研究全球气候变化背景下珠海市地区未来极端降雨事件变化趋势。

7.2.5.1　单一极端降雨事件

以 1987 年 3 月 16 日强降雨事件为例，对比 MRI-CGCM3、WRF 36-km 和 WRF 12-km 日降雨量模拟结果。中国东南部地区形成一次集中强降雨事件，可能来自我国春季特有的"梅雨"事件影响所致；此外，MRI-CGCM3 模式中所观测到菲律宾地区强降雨事件，同时也体现在 WRF 36-km 和 WRF 12-km 模拟结果中；与 WRF 36-km 模拟相比，WRF 12-km 模拟结果显示降雨范围更广，并且随锋面移动。

7.2.5.2　站点间模拟结果对比

本研究选取 1980s、1990s、2000s、2030s、2040s、2050s 和 2060s 的 12km 网格 WRF 模型模拟结果中提取珠海市附近共 5 个气象站点的日降雨量时间序列用于对比，5 个气象站点分别为香港站（Hong Kong，CHM00045005）、广州站（Guang Zhou，CHM00059287）、澳门站（Macao，MCM00045011）、珠海站［Zhuhai（West），G1202］和珠海站［Zhuhai（North），G1204］。其中，澳门站和珠海站点之间的距离为 24km（2 个网格），澳门站和广州站之间的距离为 119km（10 个网格）。

以上 5 个气象站点 1980～2070 年日降雨时间序列见图 7.2-5，其中，由于珠海站和澳门站距离相近，其日降雨量呈现出极强的相关性，而广州站与其他 4 个站点距离较远，日降雨量与其他站点相关性相对较弱，各站点间日降雨量相关性见表 7.2-4。

站点间日降雨量相关性　　　　　　　　　　　　　　表 7.2-4

	CHM00059287	MCM00045011	G1202	G1204
CHM00045005	0.67	0.83	0.81	0.78
CHM00059287		0.55	0.53	0.54
MCM00045011			0.85	0.95
G1202				0.80

7.2.6　1980～2070 年日降雨量频率分布

图 7.2-6 为 G1204 站点的 1980s、1990s、2000s、2030s、2040s、2050s 和 2060s 日降雨量累积分布函数曲线。如图所示，2060s 十年时间仅有 30％天数降雨量超过 1mm/d；与之对比，1990s 十年中 30％天数降雨量超过 3mm/d。G1204 站点日降雨量 CDF 曲线对比显示，1990s 降雨强度相对最高，而 2060s 降雨强度相对最低，1980～2070 年日降雨强度存在显著波动，珠海地区未来降雨事件降雨强度趋向于减弱。G1204 站点 1980s、1990s、2000s、2030s、2040s、2050s 和 2060s 的 90％和 95％对应的日降雨量见图 7.2-7。

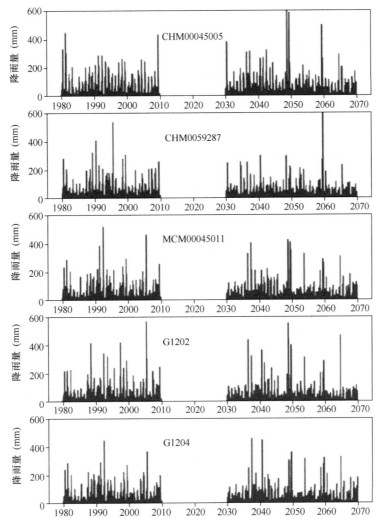

图 7.2-5 MRI-CGCM3 WRF 12-km 模拟气象站点日降雨量时间序列

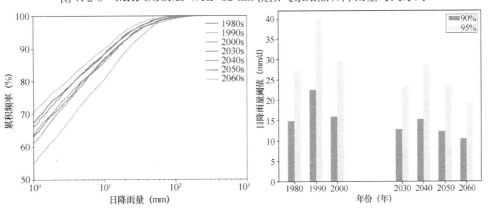

图 7.2-6 G1204 日降雨量 CDF 曲线

图 7.2-7 G1204 站点不同时期 90% 和
95% 对应的日降雨量

参 考 文 献

[1] 朱乾根，林锦瑞，寿绍文，等 . 天气学原理和方法[M]. 气象出版社，2010.

[2] 罗亚丽，孙继松，李英，等 . 中国暴雨的科学与预报：改革开放 40 年研究成果[J]. 气象学报，2020，78(03)：419-450.

[3] Stensrud D J. Importance of low-level jets to climate：A review[J]. Climate，1996，9(8)：1698-1711.

[4] 黄士松 . 暴雨过程中低空急流形成的诊断分析[J]. 大气科学，1981，5(2)：123-135.

[5] Blackadar A K. Boundary layer wind maxima and their significance for the growth of nocturnal inversions[J]. Bull Amer Meteor Soc，1957，38(5)：283-290.

[6] Holton J R. The diurnal boundary layer wind oscillation above sloping terrain[J]. Tellus，1967，19(2)：199-205.

[7] Qian J，Tao W K，Lau K M. Mechanisms for torrential rain associate with the Mei-yu development during SCSMEX 1998[J]. MonWea Rev，2004，132(1)：3-27.

[8] Zhao Y C. Numerical investigation of a localized extremely heavy rainfall event in complex topographic area during midsummer[J]. Atmos Res，2012，113：22-39.

[9] 郑永光，陈炯，葛国庆，等 . 梅雨锋的典型结构、多样性和多尺度特征[J]. 气象学报，2007，65(5)：760-772.

[10] 吴国雄，刘屹岷，刘平 . 空间非均匀加热对副热带高压带形成和变异的影响 I：尺度分析[J]. 气象学报，1999，57(3)：257-263.

[11] Guan W N，Hu H B，Ren X J，et al. Subseasonal zonal variability of the western Pacific subtropical high in summer：Climate impacts and Underlying mechanisms[J]. Climate Dyn，2019，53(5)：3325-3344.

[12] 叶笃正，高由禧，陈乾 . 青藏高原及其紧邻地区夏季环流的若干特征[J]. 大气科学，1977，1(4)：289-299.

[13] 马婷，刘屹岷，吴国雄，等 . 青藏高原低涡形成、发展和东移影响下游暴雨天气个例的位涡分析[J]. 大气科学，2020，44(3)：472-486.

[14] 孙继松，舒文军 . 北京城市热岛效应对冬夏季降水的影响研究[J]. 大气科学，2007，31(2)：311-320.

[15] 赵文静，张宁，汤剑平 . 长江三角洲城市带降水特征的卫星资料分析[J]. 高原气象，

2011，30（3）：668-674.

[16] 丁一汇，王会军．近百年中国气候变化科学问题的新认识[J]．科学通报，2016，61（10）：1029.

[17] 秦大河，丁一汇，苏纪兰，等．中国气候与环境演变评估（Ⅰ）：中国气候与环境变化及未来趋势[J]．气候变化研究进展，2005，01（01）：4-09.

[18] 秦大河，陈振林，罗勇，等．气候变化科学的最新认知[J]．气候变化研究进展，2007，03（02）：63-073.

[19] Research Group of Chinese Academy of Engineerings. Scientific and Technical Research in Response to Climate Change Problems (in Chinese). Beijing：Science Press，2015. 492 [中国工程院应对气候变化的科学技术问题研究项目组．应对气候变化的科学技术问题研究．北京：科学出版社，2015. 492]

[20] 杨萍．近四十年中国极端温度和极端降水事件的群发性研究[D]. 2009. 兰州大学.

[21] 陈晓燕．中国北方极端降水事件特征及成因研究[D]. 2012. 兰州大学.

[22] 钱忠华．增暖背景下基于概率理论与过程性原理极端天气气候事件的检测及其特征研究[D]. 2012. 兰州大学.

[23] 杨杰．气象领域破纪录事件预估理论研究[D]. 2010. 扬州大学.

[24] 陈鲜艳，梅梅，丁一汇，等．气候变化对我国若干重大工程的影响[J]．气候变化研究进展，2015，11（005）：337-342.

[25] 何佳，苏筠．极端气候事件及重大灾害事件演化研究进展[J]．灾害学，2018，033（004）：223-228.

[26] 吴浩，侯威，钱忠华，等．基于气候变化综合指数的中国近50年来气候变化敏感性研究[J]．物理学报，2012（14）：000562-571.

[27] US Soil Conservation Services. Urban Hydrology for Small Watersheds[R]. Technical Release 55，US Department of Agriculture，Washington，DC.

[28] Rawls，W J，Brakensiek，D L，Miller N. Green-Ampt infiltration parameters from soils data[J]. Journal of the Hydraulics Division ASCE，1983，109：62-70.

[29] Department of Environmental Conservation. New York State Stormwater Management Design Manual [EB/ OL]. [2015-01-20]. http：//www. dec. ny. gov/ chemical/29072. html.

[30] Urban Runoff Quality Management [M]，WEF Manual of Practice No. 23 and ASCE Manual of Practice No. 87，1998.

[31] Nojumuddin，N，Yusof，F and Yusop，Z[J]. Journal of Flood Risk Management 2016，11（S2）：687-699

[32] 上海市建设和交通委员会．室外设计排水规范（GB 50014—2006）（2016 年版）[S]．北京：

中国计划出版社，2016.

[33] 莫洛可夫，施果林.雨水道与合流水道[M].北京：建筑工程出版社，1956：32-58.

[34] 吴介一，张飒兵.计算机网络中面向拥塞控制的一种模糊流量控制机制[J].东南大学学报：自然科学版，2001.

[35] 刘金星等.城市暴雨径流模型及透水式管道设计方法研究[J].浙江大学，2005.

[36] Hershfield D M. Estimating the probable maximum precipitation[J]. Hydraul Div, 1961,(87)：99-106.

[37] Huff F A. Time distributions of heavy rainstorms in Illinois[J]. Water Resources, 1967, 3(4)：1007-1019.

[38] Keifer G J, Chu H H. Synthetic storm pattern for drainage design[J]. Journal of the Hydraulics Division, 1957, 83(4)：1-25.

[39] Pilgrim D H, Cordery I. Rainfall temporal patterns for design floods[J]. Journal of the Hydraulics Division, 1975, 101(1)：81-95.

[40] Chow V T. frequency analysis of hydrologic data with special application to rainfall intensities[R]. University of Illinois Bulletin, 1953, 414：79-80.

[41] 王家祁等.中国设计暴雨和暴雨特性的研究[J].水科学进展，1991，10(3)：328-336.

[42] 邓培德.论城市雨水道设计流量的计算方法[J].给水排水，2007，33(6)：112-116.

[43] 牟金磊.北京市设计暴雨雨型分析[D].兰州交通大学硕士论文，2011.

[44] 范泽华.天津市降雨趋势分析及设计暴雨研究[D].天津大学学位论文，2011.

[45] 宁静.上海市短历时暴雨强度公式与设计雨型研究[D].同济大学硕士论文，2006.

[46] 唐炉亮，胡锦程，刘章，等.基于SWMM的城市排水管网瓶颈分析与改造评价[J].中国给水排水，2018，34(21)：112-117.

[47] 李俊，吴珊，赵昕，等.滨海区域LID措施模型的模拟效果分析[J].中国给水排水，2018，34(21)：118-126.

[48] Adams B J, Hugh G F, Charles D D, et al. Meteorological data analysis for drainage system design[J]. Environ Eng. 1986, (112)：827-848.

[49] Sariahmed A, Kisiel C C. Synthesis of Sequences of Summer Thunderstorm Volumes for the Atterbury Watershed in the Tucson Area[C]. In Proceedings of the International Association Hydrologic Science Symposium on Use of Analog and Digital Computers in Hydrology, Tucson, AZ, USA, 1968, 439-447.

[50] Balistrocchi M, Grossi G, Bacchi B. Deriving a practical analytical-probabilistic method to size flood routing reservoirs[J]. Adv Water Resour, 2013, (62)：37-46.

[51] Heaney J P, Huber W C, Medina M A, et al. Nationwide Assessment of Combined Sewer

144

Overflows and Urban Stormwater Discharges: Volume II, Cost Assessment and Impacts [M]. U. S. Environment Protection Agency: Cincinnati, OH, USA, 1977.

[52] Nix S J. Urban Stormwater Modeling and Simulation[M]. Lewis Publishers: Boca Raton, FL, USA, 1994.

[53] Restrepo Posada P J, Eagelson P S. Identification of independent rainstorms[J]. Hydrol. 1982, (55): 303-319.

[54] Medina-Cobo M T, García-Marín A P, Estévez J, et al. The identification of an appropriate Minimum Inter-event Time (MIT) based on multifractal characterization of rainfall data series[J]. Hydrological Processes, 2016, 30(19): 3507-3517.

[55] Gires A, Tchiguirinskaia I, Schertzer D, et al. Influence of small scale rainfall variability on standard comparison tools between radar and rain gauge data[J]. Atmospheric Research, 2014, (138): 125-138.

[56] Rodriguez-Iturbe, I., Cox, D. R., Isham, V., 1987. Some Models for Rainfall Based on Stochastic Point Processes. Proc. R. Soc. A Math. Phys. Eng. Sci. 410, 269-288. doi: 10. 1098/rspa. 1987. 0039.

[57] She N, Pang J. Physically Based Green Roof Model[J]. Journal of Hydrologic Engineering, 2010, 15: 458-464

[58] Lisenbee W, Hathaway J, Negm L, Youssef M, Winston R. Enhanced bioretention cell modeling with DRAINMOD-Urban: Moving from water balances to hydrograph production [J]. Journal of Hydrology, 2020, 582: 124491.